SPA THERAPY

스파테라피

오영숙 · 정주미 공저

光文閣
www.kwangmoonkag.co.kr

머리말

문화 수준이 높아지면서 현대에는 다양한 질병에 노출된 범위만큼 자연으로 돌아가기 위하여 우리 몸 스스로는 많은 언어를 구사하고 있다고 생각한다. 일상생활 속에서 빠르게만 생활하다 보면 몸이 전하는 언어를 무시하고 생활하기가 쉬우며, 그로 인하여 작은 병이 큰 병으로 연결될 것이다. 이제 숨을 깊이 들이쉬고 내쉬면서 느리게 사는 방법을 익히고, 우리가 무엇을 위하여 살아가고 있는지에 대하여 생각할 필요가 있다.

스파 산업은 사람을 소우주라고 생각하는 자연의 원리에서 사람을 터치하여 사람이 가지고 있는 자연 치유력을 가질 수 있도록 도와주며, 각각의 사람들에게 스파로 인하여 얻어질 수 있는 홀리스틱 센터로 변화되고 있다.

오늘날 대부분의 사람들은 건강 유지와 예방관리에 대한 관심 속에서 스파는 주요 트렌드가 되고 있으며, 건강관리 유지와 긴장 완화 및 현대 문화에서 억제할 수 없는 스트레스를 벗어던질 수 있는 유일한 프로그램으로 성장하고 있다. 이 세상 모든 사람들은 열심히 일한 만큼 스스로 보상받기 원하며, 또한 그 모든 사람들은 자신의 에너지를 재충전할 수 있는 휴식을 가질 높은 가치를 가지고 있다.

인간은 태어나면서 어머니의 양수 속에서 시작하였듯이, 물을 이용한 관리는 가장 근원적인 관리이면서도 가장 중요한 관리로 권장하고 싶다.

스파테라피에 대한 역사와 유형 및 그에 준하는 테라피들로 간단히 집필한 교재로, 스파테라피에 쉽게 근접할 수 있는 계기가 되었으면 한다. 끝으로 이 책의 출판에 노고를 아끼지 않으신 광문각출판사 박정태 사장님을 비롯하여 임직원들께 감사드린다.

2012년 3월

오영숙, 정주미

목 차

CONTENTS

목 차

목욕의 역사와 종류 및 효과

01

1. 목욕의 역사

1) 목욕의 역사

1 고대 그리스인

목욕 용기에 그려져 있는 그림과 복구된 유적을 통해 목욕을 중요하게 여겼음을 알 수 있다.

2 로마

한증욕과 청결 마사지를 겸해서 하는 것이 특징이었다.

3 중세

고대 로마의 사치스러운 목욕탕이 사라지고 반면에 순수하게 병을 치유하거나 청결을 유지하는 목적의 목욕 시설이 많았다.

4 12세기경

대중목욕탕이 세워짐

5 14~15세기

남녀가 함께 대중목욕탕, 야외 목욕탕, 수영장을 사용하였다.

6 1600년대

많은 이들이 목욕을 하기 위해 온천장을 찾았으며, 건강을 위해 며칠씩 물속에서 지내기도 했다.

7 현대

여러 가지 형태로 행해지고 있다. 증기식 목욕, 통속의 목욕, 퓨로(furo)등 옛날의 목욕 형태에서 특징적인 것들을 결합한 경우가 많다.

8 1900년대

대중 목욕 시설이 발달하기 시작하였다.

- 욕탕이 일반화되어 시민들에게 널리 이용된 것은 BC 2세기 이탈리아 반도에서였다.
- 특히 폼페이의 스타비아 욕탕은 로마 제정기에 발달한 공중목욕탕의 원형으로 유명하며, 폼페이의 부유한 시민은 주택 내에 여러 개의 방으로 이루어진 욕탕을 두었으며, 후에 별장에도 이러한 욕탕을 두는 전통이 지속하였다.
- 공중목욕탕이 크게 발달한 것은 네로 황제 시절 로마의 도시계획이 추진되면서부터였다.
- 12세기부터 공중목욕탕이 생기기 시작하여 도시나 농촌에서 공동으로 목욕하는 습관이 일반화되었고, 19세기에 들어서 대도시 등지에서는 인구 증가에 비해 물의 공급이 따르지 못해 공중목욕탕이 더 널리 보급되었다.

2. 목욕의 효과

1) 목욕 시 의학적인 효과를 내는 자극

1 온열 자극

신체 외부와 내부에 온도 차를 크게 만들어 신체의 저항력을 길러주는 자극을 한다.

2 수압 자극

물 자체의 무게로 인해 몸에 가해지는 자극 및 심폐기능을 활성화해 준다.

3 부력 자극

지체장애자나 부상당한 운동선수, 마비 환자의 재활 치료에 활용하며, 관절과 근육의 힘을 길러준다.

2) 목욕의 효과와 전신욕 순서

(1) 목욕의 효과

① 혈액순환 촉진, 노폐물 배출, 피부미용에 효과적이다.
② 1km를 달리는 것과 비슷한 에너지가 소모되며, 다이어트 효과가 있다.

(2) 전신욕 순서

① 미지근한 물로 온몸을 적신다.
② 전신에 비누칠을 하여 몸을 닦는다.
③ 욕조에 2~3분간 몸을 담근다.
④ 욕조에서 나와 머리를 감는다.

⑤ 욕조에 다시 들어가 10분 정도 있도록 한다.

⑥ 타월이나 스크럽제로 부드럽게 때를 밀어준다.

⑦ 몸 전체에 더운물을 뿌린 뒤 보디 클렌저로 몸을 깨끗이 닦는다.

⑧ 약간 시원한 물로 온몸을 헹군다.

(3) 목욕물의 온도와 시간

체온과 비슷한 36~37℃ 온도에서 목욕 시간 15분~20분이 적당하며, 원하는 효과에 따라 물의 온도를 선택하는 것도 효과적이다.

(4) 온도에 따라 나타나는 목욕 효과

1 40~45℃

운동 후 육체적으로 피로한 경우와 근육 관절에 통증이 있을 경우 효과적이다

★ 주의 : 15분 이상 목욕하지 않도록 한다.

2 36~37℃

몸의 피로를 잘 풀어주는 이상적인 온도이다.

3 30~35℃

신경과 근육을 풀어주고 진정시켜 준다.

4 25~35℃

시원한 느낌을 주고 원기를 북돋워 준다.

5 18~21℃

몸이 나른하고 자극을 원할 때 효과적이며, 빠른 시간 내에 끝내는 것이 중요하다.

3. 목욕의 종류

1) 미온욕

- 36~39℃의 물에서 목욕하는 방법으로, 미온욕은 부교감신경을 자극하여 정신을 안정시켜 정신적인 스트레스를 풀 때 좋다.
- 미온욕의 효과로는 혈액순환, 진정작용, 진통, 근육이완, 관절통, 노년층, 스트레스 많은 사람, 불면증, 고혈압, 심장병, 동맥경화증, 중풍, 수족 마비 증세에 좋다.
- 온도에 의한 자극이 많이 느리므로 충분한 시간을 두고 미온욕을 하게 되면, 혈액순환 개선과 근육 이완작용 등의 효과를 볼 수 있다.
- 고혈압 환자에게도 20~30분간의 미온욕을 권장할 만하다.
- 입욕 시간은 20~30분으로 주 1~2회 정도가 적당하다.

2) 고온욕

- 42~45℃의 물에서 목욕하는 방법으로, 혈액순환과 신진대사를 자극하여 단시간에 피로를 풀어주는 효과가 큰 반면에 심혈관질환 환자나 급성 염증이 있을 때는 악화될 수 있으므로 피해야 한다.
- 강도 높은 육체노동을 하거나 만성피로에 시달리는 사람, 관절염, 류머티즘, 위염, 위궤양 등의 증상이 있는 사람에게 효과적이다.
- 입욕 시간은 5~10분 정도가 적당하다.

3) 반신욕

- 정신적인 긴장과 스트레스 해소에 효과적이다.

- 생리불순, 생리통, 갱년기 장애, 냉, 자궁질환에 효과적이다.
- 방광염, 요도염, 어깨 결림, 무릎 신경통, 퇴행성 관절염, 류머티즘 등 여러 가지 질병의 증상 개선에 도움이 된다.
- 감기 예방과 회복에 좋다.

※반신욕의 방법

1. 37~38℃ 정도의 더운물에서 명치 아래까지만 20~30분간 담근다.
2. 몸에 물을 끼얹지 않고, 발에 물을 적신 후 탕에 들어간다.
3. 탕에서 나오면 양말부터 신도록 한다.
4. 팔은 욕조에 담그지 않는 것이 원칙이다.

4) 족욕과 각탕

감기 등 감염 병의 초기 증상, 고혈압, 중풍, 불면증, 신경불안 증상, 기타 심신의 피로회복에 효과적이다.

※족욕과 각탕의 방법

40~43℃ 정도의 물에 발목 아랫부분(무릎 이하)을 10~20분 정도 담근다.

5) 냉온욕

- 냉탕과 온탕을 번갈아 가며 입욕하는 목욕으로, 냉·온욕은 매일 하는 것이 좋으며, 냉·온욕 시에는 비누를 쓰지 않는 것이 좋다.
- 스트레스 해소에 아주 탁월하다.
- 숙취 해소에도 냉·온욕이 효과적이다.

사우나를 통하여 땀을 빼는 것은 신장의 기능을 약화시킬 뿐 아니라, 전신 건강까지 해칠 수 있으니 유의하여야 할 사항이다.

(1) 냉 · 온욕의 방법

- 냉탕에서 8회, 온탕에서 7회를 각각 1분씩 행하도록 한다.
- 반드시 냉탕에서 시작하여 냉탕으로 끝내어야 한다.
- 온탕의 온도는 38~42℃가 적절하며, 냉탕의 온도는 13~17℃가 적절하다.

(2) 냉 · 온욕의 효과

- 스트레스, 만성피로 해소에 탁월, 미용 효과, 노폐물 배설 촉진에 좋다.
- 류머티즘성 관절 질환, 요통이나 무릎 통증 등 각종 관절통에 좋으며, 만성 소화기 질환이나 고혈압, 당뇨, 뇌졸중 등의 보조요법으로도 이용하면 좋다.

★주의 : 심장이 약하거나 혈압이 높은 사람들은 조심해서 하여야 한다.

6) 풍욕

(1) 풍욕은 **로브리(Laubry)요법 또는 대기요법**이라고도 하며, 프랑스의 의학자 **로브리 박사**가 창안한 것을 온대 지방에 맞게 개량한 것으로 풍욕은 말과 같이 바람 목욕법이다.

단 무조건 바람을 쐬는 것이 아니라 피부에 신선한 바람, 즉 신선한 공기를 충분히 들이마시도록 옷을 벗었다 입었다 하는 동작을 반복하는 것이다.

(2) 풍욕을 할 때는 가급적이면 완전히 나체가 되어 온몸을 공기에 노출하는 것이 좋으며, 풍욕의 효과를 최대한 배가시키는 방법으로는 숲속에서 하

면 좋다.

풍욕을 하면서 하루 한 끼 정도 금식을 하면 좋으나, 환자의 상태에 따라 신중히 하여야 하며, 그 상태에 따라 횟수를 조절하여 주는 것이 무엇보다 중요하다.

(3) 풍욕의 방법

- 풍욕은 아침에 일어나면서 바로 하는 것이 좋으며, 20초 동안 나체로 있다가 담요나 두터운 외투 등으로 몸을 덮어 1분 동안 체온을 높여 준다.
- 다시 30초 동안 나체로 있다가 1분 동안 몸을 덮어 준다.
- 상기 ①, ②와 같이 나체로 있는 시간을 10초씩 늘려나가면서, 나체로 있는 시간이 60초가 될 때 1분 30초간 몸을 덮어 주도록 한다.
- 나체로 있는 시간이 90초가 될 때 2분간 몸을 덮어 주도록 한다.
- 나체로 있는 시간이 120초가 되면, 2~3분간 담요로 몸을 덮은 채로 누워서 쉬도록 한다.

- 풍욕은 건강을 위해서라면 하루 1회 정도가 충분하지만, 난치병 환자일 경우는 하루 6회 이상 꾸준히 행하는 것이 중요하다.
- 불면증이나 신경쇠약이 있는 경우에는 잠들기 전에 좌욕을 한 후에 풍욕을 하면, 그 즉시 놀라운 효과를 볼 수 있다.

(4) 풍욕의 효과

- 혈액순환 원활
- 감기 예방 및 일상 건강 유지에 좋다.
- 간장병, 암, 위궤양 등의 치료에 좋다.

4. 목욕 시 주의 사항

(1) 식전, 식후 30분은 반드시 목욕을 피하도록 한다.

(2) 술을 마신 직후에 목욕을 하는 것은 피하도록 하며, 술을 마신 다음 날에 목욕을 하는 것은 효과적이다.

(3) 4~5일에 한 번씩 뜨거운 물 목욕은, 피부미용이나 신진대사를 촉진해서 권장할 만하지만, 고혈압, 심장병, 당뇨병 환자는 피하여야 한다.

(4) 온천욕도 모든 급성질환, 활동성 결핵, 악성종양, 급성심장병, 호흡부전, 출혈성질환, 고도의 빈혈, 동맥경화증이나 고혈압환자, 임산부 등은 피해야 한다.

(5) 감기에 걸렸을 때는 뜨거운 목욕은 피하도록 한다.
(체온조절 작용이 원활하지 못하므로 열이 가해지면 지나치게 땀이 많이 나와 체내의 염분을 많이 배출하게 된다.)

(6) 피부에 염증 있을 때에는 목욕을 피하도록 한다.
(세균 감염 우려 및 염증 확대)

(7) 생리 중일 때는 목욕을 통해서 몸을 깨끗이 하는 것이 좋다.
(보통 온도의 물로 간단하게 목욕이나 샤워가 좋으며, 대중탕은 피한다.)

(8) 목욕은 1주에 1~2회 정도가 좋다.
(매일 땀 흘릴 정도의 뜨거운 목욕은 피로 가중과 피부를 약하게 할 우려가 있으므로 주의하도록 한다.)

5. 살 빼는 목욕법

(1) 목욕은 신진대사 촉진 및 에너지 소모로 체중을 감소시킨다.

(2) 냉·온욕은 비만 치료에 효과적이다.

(3) 다리가 부었을 때도 목욕이 적합하다.

(4) 한 달에 3~4kg 빼는 것이 적정 수준이다.

6. 목욕 중 살 빼는 운동법

(1) 물속에서 운동을 하면 물의 저항이 근육에 자극으로 전달되어 다이어트 효과가 높아진다.
(2) 운동 동작은 단순해도 물의 저항력에 의해 의외로 많은 에너지가 소모되며, 물의 부력 때문에 몸에 무리가 가지 않는다.
(3) 한 동작을 10~15회 정도 반복하고, 팔다리는 반드시 좌우 교대로 실시하도록 한다.
(4) 매일 한 가지 동작만 꾸준히 하여도 효과를 볼 수 있다.

1 팔 윗부분 군살 빼기

- 등을 닦는다는 느낌으로 양손을 등으로 향한 채 왼손은 몸 아래로, 오른손은 몸 위로 하여 타월을 잡고 힘껏 잡아당겨 준다.
- 손의 위치를 바꾸어 실시한다.
- 이 동작은 팔 윗부분이 단련되면서 군살이 빠진다.

2 잘록한 허리 만들기

- 상반신을 곧게 펴고 허리를 최대한 뒤로 돌려 뒤쪽을 바라본다.
- 이때 종아리를 90℃로 세우고 하면 더욱 효과적이다.

3 똥배 없애기

- 욕조 안쪽 벽에 상체를 기대고 양손으로 상체를 떠받친 상태에서 발바닥을 곧게 세워 발목과 수직으로 만들어 수면에서 들어 올렸다 내리기를 반복한다.

- 이때 무릎 사이에 주먹 하나 정도가 들어갈 만큼의 다리를 벌리고 행하도록 한다.

4 가는 허벅지 만들기

- 욕조 속에 선 상태에서 물을 발로 차 낸다.
- 이때 다리를 앞으로 쭉 뻗는다.
- 몸을 지탱하기 위해 손으로 벽을 짚어도 된다.

5 날씬한 종아리 만들기

- 욕조 속에 앉아 엉덩이 아래에 양손을 넣고 다리를 최대한 높이 들어 아래위로 서로 교차시킨다.
- 다리를 구부리면 효과가 없으므로 곧게 뻗은 상태에서 행한다.
- 종아리의 부기가 빠지고 다리 선이 예뻐진다.

6 가는 발목 만들기

- 욕조 속에서 두 팔로 상체를 지지하고, 두 다리를 곧게 뻗은 상태에서 발가락을 상체 쪽으로 10초 동안 당겨준다.
- 그다음 발가락을 바깥쪽으로 10초간 최대한 밀어준다.
- 상기 동작을 반복하면 발목이 유연해지고 가늘어진다.

7 마무리 스트레칭

- 손으로 발목을 잡은 상태에서 다리를 쭉 편다.
- 한쪽 다리에 10초씩 실시한다.
- 타월을 발목에 걸고 잡아당겨도 된다.

8 회춘 목욕법

- 옥경에 냉 · 온수를 번갈아가며 끼얹는 것이 효과적이다.
- 20~30초씩, 30~40회를 반복하면서 행하는 것이 중요하다.

9 불면증과 목욕

- 불면증을 해소하기 위한 적정 온도는 40~41℃이며 신경안정과 긴장 완화에 효과적이다.
- 오수유를 입욕제로 한 각탕도 좋은 방법이다.

10 혈압과 목욕

- 고혈압인 사람은 반신욕이나 39℃ 전후의 미온욕을 20~30분씩 반복하는 것이 좋다.
- 저혈압인 사람은 42℃ 전후의 고온욕을 5분 가량 짧게 반복한다.

11 소화기 질환과 목욕

- 42~43℃의 고온욕은 위산 분비를 억제하여 위염이나 위궤양인 사람에게 도움이 된다.
- 33~35℃의 찬물에서의 장시간 목욕은 위산을 증가시켜 소화를 촉진한다.

12 요통과 목욕

- 요통의 주요 원인인 근육의 긴장 완화에 목욕이 효과적이다.
- 만성 요통환자는 40℃ 전후의 미지근한 물에서 20~30분 정도 장시간 목욕하며 한약재로는 모과가 좋다.
- 허리를 갑자기 삐거나 다쳤을 경우 : 처음에는 냉찜질하고, 37~38℃ 목욕으로 시작하여 차츰 온도를 높여가도록 한다.
- 신허 요통에는 육계 50g, 오수유 100g, 생강 150g, 총두 50g을 쌈지에 싸서 더운 욕조에 30분간 담근 다음 20분 동안 목욕한다.

13 부인 질환과 목욕

- 월경불순, 갱년기 장애, 산후풍, 불임 등의 부인 질환에는 목욕이 권장된다.

• 반신욕 또한 효과적이며 애엽(쑥), 소엽, 당귀 등의 한약재의 사용은 효과를 배가시킨다.

⑭ 관절 질환과 목욕

• **어깨 질환** : 간단한 어깨 운동과 함께 뜨거운 물로 아픈 부위를 샤워하면서 마사지한다. 떨어지는 물줄기를 어깨에 맞는 것도 좋다.

• **무릎 질환** : 물속에서 하는 다리 운동이 도움이 되며, 입욕제로는 당귀, 몰약, 속단, 천촉, 감초 등이 이용된다.

⑮ 신경 질환과 목욕

• 36~39℃의 미온수에서 20~30분간 천천히 목욕하는 미온욕이 효과적이다.

⑯ 호흡기 질환과 목욕

• 호흡기 질환에는 비파엽, 소엽, 박하 등이 입욕제로 적당하다.

• 기침, 가래, 숨이 찰 때에는 후추, 복숭아씨, 치자열매를 달인 40~50℃ 온도의 물에서 1일 3회 30분씩 족탕 한다.

⑰ 아토피 피부와 목욕

• 잦은 목욕은 금물이며 해조 목욕, 박하 목욕, 창포 목욕 등이 효과적이다.

• 미지근한 36~38℃의 물이 적당하다.

☘ 한마디

피부가 청결하고 튼튼해야 몸 전체가 건강하게 된다는 사실은 누구나 잘 알고 있다. 건강법 중에 **'소의다욕(少衣多浴)'**이란 것이 있다. 목욕은 몸을 깨끗이 씻고 피부를 청결히 하여 상쾌한 기분을 느낄 수 있게 하려는 건강 행위이다

목욕도 하나의 문화이다

서양 사람들은 샤워를 자주하고, 일본인은 목욕을 매우 즐기는 편이다. 우리나라 사람들은 목욕을 즐기지는 않지만 '목욕재계'란 용어에서 쉽게 알 수 있듯이 목욕을 신성시했다.

우리 조상들이 제사나 기도 등 중요한 시험 준비 시에 늘 몸과 마음을 청결히 하여 왔음이 이를 증명하여 준다.
근래에는 옛날 우리 조상들이 지녔던 의미에서 벗어나 피로를 풀어주고, 스트레스 해소, 아름다운 피부, 질병 치료를 목적으로 목욕을 한다.

숨 가쁜 현대인들의 삶 속에서 많은 시간을 투자하지 않고도 가까이에서 쉽게 청결과 피로회복 및 정신을 재충전하여 활기찬 삶을 영위할 수 있는 최상의 방법 중 하나가 목욕이다.

스파 SPA
02

1. SPA란?

물을 가지고 관리하는 다양한 아름다움을 말한다. (Beauty+Health)

2. Spa에서 담당하는 Health의 영역

1) 비만

2) Stress

- 마음이 스트레스 받으면 몸이 아픈 사람
- 마음이 스트레스 받으면 마음이 아픈 사람 : 노이로제 증상(본인이 자각함)
- 마음이 스트레스 받으면 마음이 아픈 사람 : 본인 자각이 없는 사람

3. Spa Mind

- 인간 존중

  사람은 자기가 자기를 존중하고 타인이 자신을 존중한다는 것을 느낄 때, 자기의 가치가 존재하며 아름다움을 느끼게 된다.

1) 터치

2) 시선

3) 대화

상기 1), 2), 3)으로 인하여 고객이 자기 자신만의 아름다움을 찾도록 도와준다.

4. Hydro Therapy

60조의 세포가 총 동원되는 장대한 드라마이다.

5. Hydro Therapy가 Body에 미치는 영향

1) 피부

(1) 각질이 평균적으로 정리된다.

(2) Hydro의 공기와 압력에 의하여 제품의 투과율이 상승된다.

한마디

1. 모든 관리는 좋은 제품을 쓰기 이전에 몸이 받아들일 수 있는 환경을 만들어 주는 것이 중요하다.
2. 건강이나 아름다움을 위한 관리는 일회성 관리가 되어서는 절대 안 되며, 고객이 지속적인 관리를 받을 수 있도록 도와 줄 수 있는 테라피스트가 되어야 한다.

리 발한

30~60분 사이에 흘리는 땀의 양은 2~3L이다.

☘ 모든 관리는 독소와의 전쟁이다

1. 독소는 음식에 의해서 만들어지며, 음식이 자기 체질과 맞지 않을 때 독소가 발생하게 되며, 특히 인공적인 음식은 독소가 많이 생기므로 주의한다.
2. 체내 축척되는 독소는 지용성 독소 물질로 근육층, 혈관 벽에 많이 쌓이게 된다.

☘ Hydro 후에 변화 설문지(미국인 대상)

1. 정신적인 변화
   - 생활 속의 즐거움이 생긴다.
   - 성격이 긍정적으로 변한다.
   - 자신감이 생긴다.
2. 육체적인 변화
   - 전신의 근력이 강해진다.
   - 잠을 편하게 잔다.
   - 식사를 잘하게 되었다.

라) 근육

400개의 근육을 가지고 있다.

수의근(골격근)	골격에 있는 근육 – 백근(흰색 근육) : 무거운 것을 들 때 사용되는 근육 – 적근(붉은 근육) : 가벼운 것을 들 때 사용되는 근육
불수의근(내장근)	내장에 있는 근육

- 대사산물은 근육을 사용하면서 생기는데 유산소 운동 시에는 조금 나오나, 무산소 운동 시에는 대사산물이 많이 나온다.
- Hydro는 Massage 이상의 대사산물이 배출되어 진다.

한마디

1. 근육은 반드시 에너지가 공급돼야 근육을 쓸 수 있다.
2. 적근은 에너지를 쓸 때 산소가 있어야 움직여진다.
3. 백근은 산소가 없는 상황에서도 에너지를 사용할 수 있다.

마) 면역계

(1) 면역계 상승 효과

- 운동
- skin ship
- spa care
  - 평균적인 면역력을 가지기 위해서는 규칙적인 운동을 하여야 한다.
  - 35~40세 이후가 되면 면역계 능력은 현저히 저하된다.

한마디

잔병이 많은 사람이 Hydro 관리를 꾸준히 하게 되면, 면역성 증가로 인하여 건강 회복에 도움이 된다.

5) 내분비계통

20여 가지 호르몬에 영향을 주지만, 특히 성장호르몬에 영향을 준다.

성장호르몬 분비 증가 – 나이든 사람 젊음의 묘약 = 노화 방지 클리닉

체내에서 스스로 성장호르몬 분비를 하므로 보완적인 요법으로 물을 이용한 요법은 아주 권장할 만하다.

6) 정맥혈의 동맥혈화

(1) Hydro를 하면 피가 맑아진다.

(2) 인체는 우리 몸의 불균형한 상태를 그냥 두지 않으며, 균형화시키기 위하여 스스로 노력한다는 것을 잊어서는 안 된다.

(3) 신경선에 문제 있는 사람은 물 압력에 의해서 회복을 도와준다.

- 정수압 : 물속에 가만히 있을 때 물이 주는 압력으로 물속에 들어갔을 때 물의 압력이 몸을 누른다.
- 동수압 : 정수압 + 기기적인 압력 추가(물속에서 운동 함께함) – 말초 순환을 촉진한다.
- 아쿠아로빅 : 물속에서 운동함(근육 증강)
- 에어로빅 : 공기 속에서 운동함

한마디

1. 근육량 적으면서 피하지방량이 많을 때 관리는?

   → Hydro와 Steam을 번갈아 가면서 관리하면 좋다.

2. 근육량 많으면서 피하지방량이 적을 때 관리는?

   → Steam care로 시작하면 좋다.

빛

03

1. 빛

컬러 테라피의 기본적인 베이스로 고유의 색깔을 판단한다.

1) 파장의 길이에 따라

- 적외선
- 가시광선
- 자외선

※ 뉴튼 : 빛에 색깔이 있다는 것을 발견함(19C 이후부터 본격적으로 사용함)

한마디

1. 스트레스를 많이 받으면 남성호르몬이 증가되면서 피지가 많이 나온다.
2. 스트레스를 많이 받으면 멜라닌 색소가 올라온다.
3. 사람에 따라서 컬러, 사운드, 물에 대해서 받는 영향력은 다르며, 그 사람에게 맞는 테라피를 사용하는 것이 무엇보다 중요하다.

2) 컬러

인체의 정신, 심리뿐만 아니라 물리적인 신체 활동이나 질병에 대한 개선에도 많은 변화를 줄 수 있다.

(1) Red(빨강색)

빈혈 개선, 혈액순환 개선 작용, 우울증 있는 사람, 식욕 증가에 좋다.

(2) Orange(주황색)

췌장을 건강하게 만드는 색으로 당뇨 있는 사람에게 좋다.

(3) Yellow(노랑색)

신진대사 촉진 기능, 감기 치료 효과, 유쾌한 기분을 만들어주며, 언어 능력을 발달시켜 준다.

(4) Green(초록색)

- 편안함, 안정감, 시각적인 피로도가 가장 낮은 색깔이다.
- 살균 능력이 뛰어나며, 간 기능 회복에 좋으며, 동정심을 유발한다.
- 몸에 에너지를 많이 가지고 있는 사람, 항상 불안 초조한 사람에게 좋은 컬러이다.

(5) Blue(파랑색, 남색)

- 가장 이성적인 색깔이다.
- 긴장과 불안을 떨어트리는 색깔이다.
- 식욕저하, 정신집중, 혈압 떨어트림, 불면증 치료에 좋다.

(6) Violate(보라색)

- 정신적, 육체적으로 힘들 때 선호하는 색이다.
- 인체에 열을 내리는 색으로 신경과민을 억제시키며, 정신활동을 증진시키는 색이다.
- 셀룰라이트 관리에 효과적이다.

한마디

1. 물속에서의 컬러가 인체에 미치는 영향은 그냥 일반적으로 받는 컬러보다 인체에 흡수되는 영향이 더 크다.
2. **비만 관리는?** Steam Therapy
3. **스트레스 관리는?** Hydro Therapy

스팀 테라피 Steam Therapy

04

1. Steam Therapy

과도한 운동량과 에너지 소모가 필요할 때 Steam Therapy 좋다.

(1) 열량 소모량 증대

– 체표 표면적 단위당 기화열을 이용한 열량 소모의 법칙

피부 표면 온도가 높아지면 열을 식히기 위해 몸에서는 땀이 나온다. 이때 땀 자체가 기체로 바뀌면서 막대한 에너지가 소모된다. 땀이 기체로 바뀌면서 소모되는 에너지는 피부 $1cm^2$ 당 0.5kcal, 즉 800kcal 소모가 되어 진다.

한마디

1. 좌식 상태에서의 사우나보다 누운 상태에서의 사우나가 열량 소모가 훨씬 높다.
2. 20분 스팀 사용 시 온도에 따라서 7,700kcal 소모된다.
   (체내 지방 1kg까지 줄이는 데 필요한 kcal이다.)
3. 스팀 관리 10분이 지나면서 땀 자체가 기체로 변하며, 열량이 소모된다.
4. **체내지방 1kcal 빼는 데 필요한 열량은 스팀 관리 20분이면 된다.**
   단 체내 환경을 제대로 잡아준 후에 스팀 관리하는 것이 좋다.

(2) 심장을 튼튼하게 한다

(3) 호흡기의 혈액순환이 7배 증대한다

(4) 대장 기능을 활성화해 준다

- 신경계는 우리 몸 안의 네트워크이다.
- 중추신경
- 말초신경 : 운동신경
  지각신경
  자율신경

(5) 근육 이완 시 좋다

(6) 피부각질 제거에 좋다

(7) 녹내장에 좋다

스팀 관리 시 주의사항

1. 저혈압은 괜찮으나 비만이면서 당뇨나 고혈압이 있을 때에는 안 된다. 만약 심하지 않은 상태여서 스팀을 할 때는 스팀 후 온도 저하를 조절하여야 한다.
2. 우울증, 약물복용 중인 사람은 비만관리 시에도 스팀은 하지 않는 것이 좋다.
3. 내장에 염증이 있는 경우
   - **스팀뿐만 아니라 사우나도 하지 않는 것이 좋다.**
4. 갑상선에 문제 있는 경우
5. 암일 경우

스파 테라피의 역사와 발전

05

1. 스파 테라피 역사와 발전

1) SPA의 정의

목욕 시설과 미용 시설을 비롯하여 심신 안정을 위한 다양한 시설이 갖추어진 곳을 말한다.

하이드로 테라피 = 수 치료법 = 아쿠아 테라피

물속에서는 수압에 의하여 관절 내의 압력이 올라가므로 혈액순환이 좋아지고 통증도 좋아진다.

2) SPA의 명칭 유래

벨기에 리에주 주의 온천으로 유명한 도시 스파에서 비롯되었다는 설과 프랑스어 'sante per aqua(건강에 좋은 물)'의 머리글자를 따온 것이라는 설도 있다. 물을 이용한 건강 증진이나 질병 치료의 효과를 위한 하이드로 테라피(Hydro Therapy)는 고대로부터 행하여져 왔다.

최근에는 그 의미가 마사지를 포함하여 미용 분야까지 확대되었으며, 단순히 뜨거운 물에 몸을 담그는 것이 아니라 다양한 수압과 수류를 이용한 테라피로,

의료적 처치를 병행하기도 하고, 비만을 줄이거나 스트레스 해소 등에 폭넓게 적용된다.

하이드로 테라피 + 아로마 테라피 = 효과 증대

3) SPA의 역사

(1) 1950년대

질병 치료에 물이 효과적이라는 점에 구체적으로 관심 두기 시작한다.

(2) 1960년대

유럽을 중심으로 하이드로 테라피를 본격적으로 발전시켜 나가기 시작한다.

(3) 1990년대

미국에서 예방의학의 발전과 더불어서 병원에 스파를 도입하기 시작한다.

(4) 2000년대

뉴욕을 중심으로 메디컬 스파가 많이 등장하기 시작한다.

스파 산업의 이익과 서비스 증대를 위하여 세계적으로 지원하는 조직

1. 1991년 국제스파협회(ISPA : International Spa Association) – 미국에서 창립

- 스파 산업의 주요한 전문 기구로 인정되었다.
- 회원 구성은 70여 개의 나라에서 약 2,000명의 건강 및 건강 시설과 관련된 종사자로 구성되어 있다.
- 업무 수행은 스파 산업의 전문성과 권위를 높이고 교육의 네트워킹 기회를 제공한다.

2. 1995년 유럽스파협회(ESPA : The European Spa Association) 창립

- 스파 훈련, 표준화, 연구, 건강교육에 적극적인 협조와 장려를 통해 발전을 도모하였다.
- 독일스파협회(German Spa Association, DBV) 및 영국스파연맹(The British Spas Federation, BSF)과 연합하여 스파 사업을 발전시키는데 다양한 활동을 하고 있다.

3. 1917년 영국스파(The British Spas Foundation, BSF) 형성

- 2004년 Spa Business Association(SpaBA) = 스파비지니스협회로 명칭이 변경되었다.
- 영국 및 북아일랜드 안의 스파 산업에 지원, 공급, 투자, 연구의 직무를 수행하는 대표적인 단체이다.
- SpaBA는 정부매체, 투자자, 입법기관 및 소비자를 조정하기 위해 업무를 수행한다.

현재는 스파의 혁명이다

'Spa Business'는 영국뿐만 아니라 세계적으로 빠르게 성장하여 나아가고 있으며, 이러한 팽창은 'Spa Therapy'와 관련된 국가 기준과 자격 및 스파 산업 종사를 희망하는 사람들을 위한 전문 자격의 발전을 통해 가속화되고 있다.

최근의 스파는 건강한 라이프 스타일을 요구하는 사람들에게 총체적인 수준의 자연요법과 건강관리를 제공하며, **Wellness(예방 차원의 건강관리)**를 목표로 한다.

이는 곧 단순한 욕조 문화만을 의미하는 것이 아닌 아로마 테라피, 하이드로 테라피, 달라소 테라피, 컬러테라피, 뮤직(사운드) 테라피 등을 접목하며, 순수하게 자연요법을 적용하여 진정한 평온함을 느끼게 하는 '종합 테라피 센터'라고 할 수 있다.

물에 의한 치료는 일찍이 기원전 무렵부터 세계 각지에서 행해지고 있었으며, 기원전 500년경의 로마는 병의 치료를 위해 물의 사용이 시작되는 전환기라고 할 수 있다.

로마인들은 그들의 건축 기술을 이용하여 다양한 바스(Bath)를 발전시켜 나갔다. 로마 제국이 쇠퇴하면서, 바스의 이용 또한 줄어들어 하이드로테라피의 발전도 함께 쇠퇴하였으나, 중세 사회기인 15~17세기 사이에도 물의 치료 효과를 입증한 소수의 유럽인 내과 의사들이 존재하였었고, 1829년과 1842년 사이에 오스트리아-헝가리 제국에서 **'빈센트 프리스니츠'**라는 농부가 찬물 치료법을 개발하면서 스파는 본격적으로 발전하기 시작했다.

20세기 초반 이후 스파는 건강관리에 대한 보편적인 국가적 관리와 현대 의학에 의한 관심 때문에 다소 쇠퇴하였으나, 최근 들어 유럽인들에 의해 다시 관심을 받고 있으며, 또한 많은 데이터가 스파가 병을 예방하는데 있어서 효과가 뛰어남을 증명하고 있다.

생각하기 -

모두에 있어서 가치와 시간을 소중히 여길 줄 알며,
마음을 열고, 주고받음에 인색하지 않으며,
항상 좋은 일을 기대하면서…
오늘 지금 이 순간 주어진 일에
최선을 다하고 있는 자신을 돌아보는 여유를 가지자.

스파 테라피의 유형과 역할

06

1. 스파의 유형과 역할

일반적으로 스파는 다음의 7가지 유형으로 나눌 수 있다.

1) Club Spa(클럽 스파)
2) Cruise Ship Spa(크루즈십 스파)
3) Day Spa(데이 스파)
4) Destination Spa(데스티네이션 스파 = 체류형 스파)
5) Medical Spa(메디컬 스파)
6) Mineral Springs Spa(온천 스파)
7) Resort-Hotel Spa(리조트-호텔 스파)

1) Club Spa(클럽 스파)

피트니스를 위한 시설로 당일 사용을 기본으로 하며, 다양한 스파 서비스를 제공하며, 평화롭고 조용한 위치 선별이 무엇보다 중요하다.

2) Cruise Ship Spa(크루즈 십스파)

크루즈 내에 있는 것으로 스파 서비스, 피트니스, Wellness, 스파 Cuisine(고객의 건강진단에 의한 영양식) 제공 등의 프로그램을 완비한 호텔-리조트 스파 시설과 비슷하며, 최근에는 휴가 형태로 인기가 점점 높아지고 있는 스파로 가장 급속도로 성장하는 사업 가운데 하나인 유람선상의 스파이다.

■ Cruise Ship Spa(크루즈십 스파)의 주요 시설

- 개인용 트리트먼트 룸
- 전신 및 얼굴 테라피의 완비
- 운동 및 체력 시설
- 휴식 공간
- 매니큐어 및 페디큐어 서비스 가능한 헤어살롱 서비스
- 종류별 하이드로 테라피 시설
- 개인 운동 및 수업 시간
- 자격을 갖춘 전문 테라피스트

3) Day Spa(데이 스파)

도심에 있는 스파로 당일 기준으로 고객에게 다양한 스파 서비스를 제공하며, 일반적으로 광범위한 개념의 기본적인 스파이며, 1일 이용을 기본으로 하여 스파 서비스를 받기 원하는 바쁜 전문 고객을 대상으로 하고 있다.

■ Day Spa(데이 스파)의 주요 시설

- 청결하고 조용하며 휴식과 영양을 얻을 수 있는 환경
- 개인 소지품과 야외복을 보관할 수 있는 로커가 있는 탈의 시설
- 스파복과 슬리퍼
- 샤워 시설을 갖춘 개인용 트리트먼트 룸
- 하이드로 테라피가 있는 전신 및 얼굴 관리
- 반나절과 종일 코스의 스파 트리트먼트 프로그램
- 휴식 공간
- 헤어 서비스, 매니큐어, 페디큐어, 스파(건강식 등의 선택 시설과 개인 트레이너, 요가(필라테스), 명상 강습 등의 체력 시설
- 자격을 갖춘 전문 테라피스트

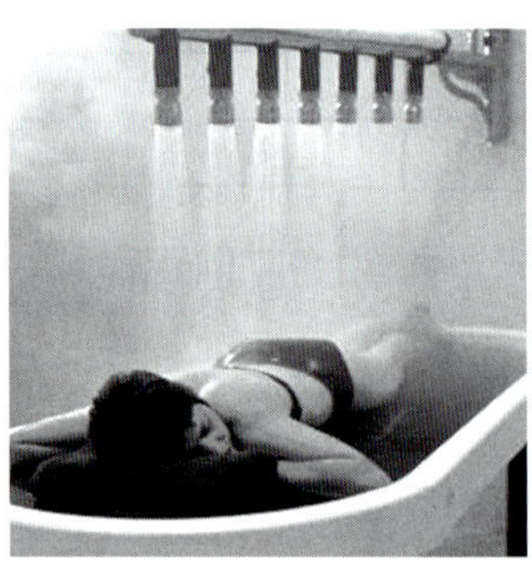

4) Destination Spa(데스티네이션 스파 = 체류형스파)

한 장소에서 일정 기간 투숙하면서 Wellness(건강관리), 피트니스, 교육 프로그램 등의 스파 서비스 제공, 스파 Cusine은 별도 제공한다.

광범위한 테라피와 전체적인 일상생활 프로그램도 제공하며, 고객은 이곳에서 스파 체험을 하고 개인적인 목적을 달성하는 것이다.

■ Destination Spa(데스티네이션 스파 = 체류형 스파) 주요 시설

- 현지 숙박
- 건강식, 스파 주방
- 야외활동을 포함한 자연 체력 프로그램 개발
- 다양한 스파 트리트먼트
- 휴식 공간
- 다양한 고객의 요구를 충족시켜줄 수 있는 맞춤 상품 개발
- 경관이 뛰어난 장소와 환경이 중요하다
- 스파 유휴 시설
- 의학적 지도 감독
- 교육 프로그램
- 체육/ 체력 시설
- 자격을 갖춘 전문 테라피스트
- 전문적 자격을 갖춘 직원

5) Medical Spa(메디컬 스파)

Wellness Care를 목적으로 메디컬 서비스와 스파 서비스를 함께 제공한다.

■ Medical Spa(메디컬 스파) 주요 시설

- 개인 소지품과 외출복을 보관할 수 있는 로커가 있는 탈의 시설
- 휴식 공간 및 대기실
- 마사지를 포함한 전신 및 얼굴 스파 서비스
- 스파 건강식
- 하이드로 테라피 룸
- 의료 시술
- 자격을 갖춘 전문 테라피스트

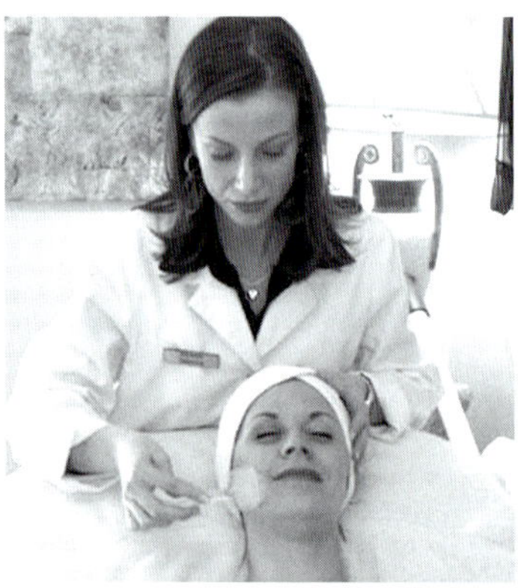
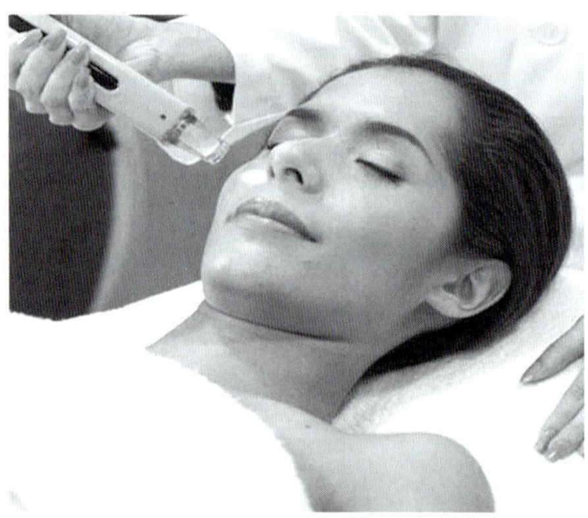

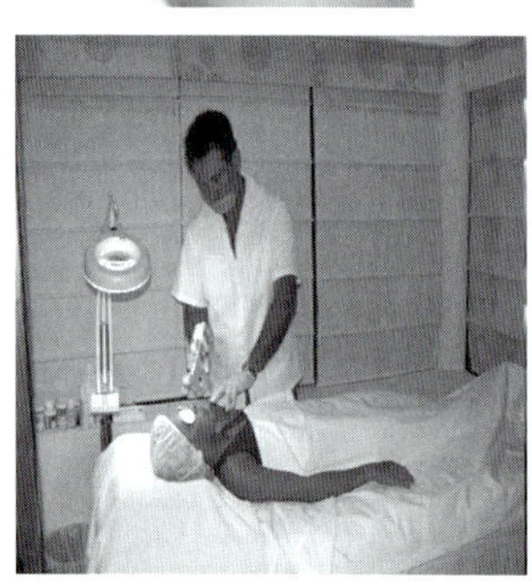

6) Mineral Springs Spa(온천 스파)

천연 광물 성분이 들어있는 온천 또는 해수가 제공된 스파를 말한다.

7) Resort-Hotel Spa(리조트-호텔 스파)

호텔이나 리조트에 있는 스파를 말하며, 스파 서비스, 피트니스, Wellness 프로그램, 스파 Cuisine 제공 등이 준비되어 있다.

■ Resort-Hotel Spa(리조트-호텔 스파) 주요 시설

- 개인 소지품과 야외복을 보관할 수 있는 로커가 있는 탈의 시설
- 스파 전용복과 슬리퍼
- 샤워 시설을 갖춘 1인용 트리트먼트 실
- 마사지를 포함한 전신 및 얼굴관리
- 반나절 및 종일 코스의 스파 트리트먼트 프로그램
- 휴식 공간
- 수영장, 테니스 코트, 골프 코스를 가지고 있는 체력 시설
- 스파 건강식
- 헤어살롱 서비스, 매니큐어와 페디큐어, 몇 가지 종류의 물을 사용한 하이드로 테라피 형태 준비
- 하이드로 테라피 룸(사우나, 스팀, rasul 등)
- 자격을 갖춘 전문 테라피스트

한마디

위치나 목적에 따라 형태가 다르더라도 모든 스파에는 기본적으로 Day Spa 프로그램이 적용되며, 마찬가지로 위치나 목적에 따라 하나의 스파가 여러 스파의 성격을 동시에 가지기도 한다.

생각하기-

항상 주변과 경쟁보다는 협력을 하며,

누가 나에게 무엇을 해 주기를 바라지 말고

내가 먼저 남을 어떻게 도울 수 있는지를 생각하며,

어떠한 일에 있어서 왜 안 되는지를 이야기하지 말자.

왜 가능한 지에 대해서 이야기하는 습관을 가지자.

8) 기타 스파(7가지 외의 스파)

(1) 열대 / 아시아 스파

열대 / 아시아 체험을 제공하는 스파는 수 세기 동안 전통 시스템으로 수행되어 왔던 열대성 트리트먼트를 사용하며, 최근 현대 고객들에게 적합한 트리트먼트로 조화시키고 있다. 트리트먼트의 핵심은 지역에서 생산된 천연자원을 이용하여(약초, 향신료, 지역 식물 등) 가볍게 두드리는 것으로 스파 프로그램에 생태학적인 요소를 포함시켜 자연 환경을 느끼게 하는 것이다.

스파 체험은 또한 고객에게 과거 문화의 일부분을 체험하게 하면서 영양과 스트레스 완화로 평온을 창조하는 것을 포함한다.

■ 열대 / 아시아 스파 트리트먼트의 형태

- 타이 마사지
- 인디언 헤드 마사지
- 발리 마사지
- 시로다라(shirodhara)
- 코코넛 스크럽
- 꽃 입욕
- 에센셜오일 마사지
- 온 약초 팩

(2) 정신적 스파

일상생활에서 탈피하여 재충전의 공간을 찾고 몸과 마음, 영혼을 청결하게 하는 전통적인 홀리스틱 테라피와 함께 동양의 철학과 종교에 순응하는 것을 제공한다.

■ 정신적 스파 트리트먼트의 형태

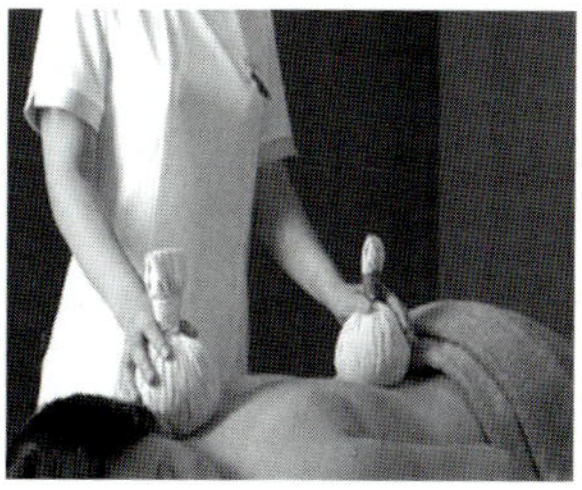

- 요가
- 약용 오일 마사지
- 시로다라(shirodhara)
- 레이키(Reiki)
- 명상
- 포핸드 마사지(Four-hand massage)
- 자가 치유
- 당밀 씨앗 스크럽

(3) 엘레강스 스파

고객의 개인별 스파 트리트먼트와 서비스를 반영하는 고급 엘레강스 스파는 다른 스파와 구별되며, 스파 체험 동안 고객이 희망하는 주변 환경을 만들어 주어(타월 상태, 꽃꽂이, 음악 등) 매일매일 세심하게 모든 것을 조합하여 지원하여 주는 스파 항목이다.

■ 엘레강스 스파 트리트먼트 형태

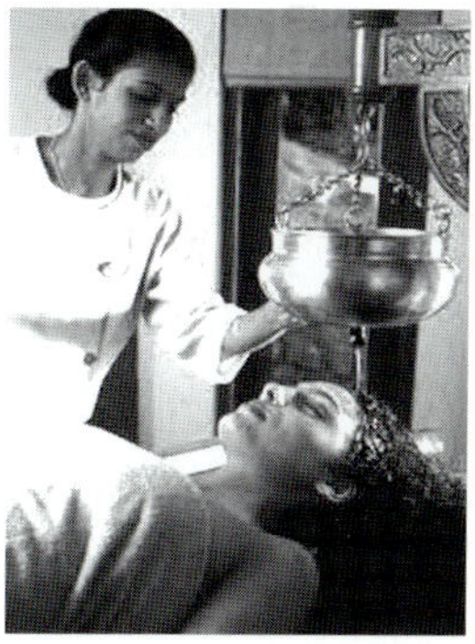

- 하이드로 테라피 마사지
- 보디 탄력 관리
- 샤워 테라피
- 수기 림프 드레이니지 마사지
- 녹조 랩핑(Algae wraps)
- 진흙 팩
- 얼굴 노화관리
- 향 시차 피로 마사지
- 온 스톤 마사지
- 플로테이션(Floation)

한마디

테미 트리드민트 또는 테바 상품은 1시간, 3시간, 하루, 어떤 경우에는 1주일이 지속되기도 한다.

- 테마 트리트먼트 개발 시에 고려해야 할 사항
  - 스파의 콘셉트
  - 스파에 사용되는 제품
  - 스파의 환경
  - 고객
  - 다른 형태의 트리트먼트에 대한 요구
  - 자원과 장비
  - 직원의 기술
  - 지리적 위치와 문화
  - 완전한 스파 여행

1 스파의 구성 요소

① 환경

청결, 적절한 온도와 습도, 채광 유지, 소음 배제, 잘 미끄러지지 않는 바닥으로 설치하도록 한다.

② 트리트먼트 룸

고객과 테라피스트 간에 일대일의 서비스를 할 수 있는 개별적인 룸이 필요하다.

③ 샤워실, 탈의실 시설

남녀 고객 별실, 각각의 테라피 제품의 보디 제품, 헤어 샴푸, 컨디셔닝 구비 및 고객의 옷과 소지품을 보관하고 갈아입을 의복을 준비하도록 한다.

④ 스파 의복과 신발

⑤ Business Licenses

스파 매니져를 비롯하여 해당 관련 분야의 자격증을 획득한 에스테티션과 테라피스트가 고객의 서비스를 담당하게 한다.

⑥ 전문 스파 제품 교육

제품들의 특성, 사용 원료, 효과 및 효능, 사용 방법, 사용 순서, 제품 판매 교육 및 고객 응대법 등의 서비스 교육을 실시한다.

2 마사지(Massage)

마사지는 생명을 위협하는 심각한 질병을 치료해 주지는 못하지만 요통, 두통, 근육통, 또는 여러 형태의 만성 통증을 비롯하여 불안이나 긴장, 우울감, 불면증, 스트레스 등의 여러 증상을 경감시켜 준다.

마사지 형태에는 다음과 같은 다섯 가지 기본 수기법이 있다.

① Effleulage

혈액순환의 방향으로 리드미컬하게 천천히 미끄러지는 동작을 이용하는 기법이다.

② Petrissage

반죽을 하듯이 근육 부분에 손아귀를 이용하여 압력을 주고 굴리는 동작의 기법이다.

③ Friction

주로 관절 부위에 피부 위로의 움직임 없이 압력을 가하며 둥글게 움직이는 기법이다.

④ Tapotement

등과 같은 넓은 부위에 사용되는 기법으로 손을 사용하여 두드리는 동작의 기법이다.

⑤ Vibration

진정 효과와 이완 효과, 자극 효과를 얻기 위하여 사용하는 기법이다.

3 스파 프로그램 종류

① 스웨디시 마사지(Swedish massage)

스웨덴의 체육학자 Per Henrik Ling에 의해 정리되고 개발된 기본이 되는 오일 마사지로서 Effleulage, Petrissage, Friction, Tapotement, Vibration 등의 기법으로 이루어진 마사지를 말한다.

② 스포츠 마사지(Sport massage)

활동적인 사람들을 위해 시술되는 마사지로 근육과 경혈점을 이용하여 관리하며, 편안한 차림으로 짧은 시간에 가볍게 받을 수 있는 이점이 있다.

③ 시아추(Shaiastu)

일본의 대표적인 지압 마사지로서 경락의 경혈점을 자극하여 기(氣)의 원활한 흐름을 도와주는 마사지로 우리나라의 경락 관리와 같은 맥락의 마사지이다.

④ 타이 마사지(Thai massage)

태국의 전통 마사지로서 오일을 적용하지 않고 편안한 복장으로 바닥의 매트리스에서 행해지며, 몸의 유연성을 높여주는 마사지이다.

⑤ 림프 마사지(림프 드레이니지=Lympratic drainage)

림프샘을 자극하여 림프액의 이동을 촉진해 주고 노폐물 해독 및 제거에 용이한 마사지로, 모든 마사지의 기본이 되는 마사지이다.

⑥ 반사요법(Reflexology)

반사 부위의 특정 지점을 마사지함으로써 해당 기관 내의 에너지 흐름을 완화해 주는 마사지로, 손과 발 이혈요법 등의 마사지가 있다.

⑦ 깊은 조직 마사지(Deep tissue massage)

이전의 외상 또는 상해로부터 긴장된 내부 근육 그룹을 풀어주는 마사지로, 근육의 심부 조직을 터치하여 이완해 주는 기법의 마사지이다.

⑧ 스톤 마사지(Stone massage)

뜨겁거나 찬 돌을 사용하여 고객의 체질에 맞추어서 테크닉과 함께 구사할 수 있는 기법의 마사지로, 시너지 효과를 기대할 수 있다.

⑨ 아율베딕 마사지(Ayurvedic massage)

고대 인도의 전통 의술로서 인간을 전 우주와 연관시키는 철학을 바탕으로 공기, 불, 물의 3요소에 근거를 둔 이론을 가지고, 약초와 오일을 이용하여 체질별로 처방되는 마사지이며, 인도에서 사용된 심신 상관적 의료 행위로 시로다라, 아비양가의 두 가지 유형이 존재한다.

⑩ 아로마테라피 마사지(Aromatherapy massage)

고대로부터 전해오는 자연 치유 요법으로 식물의 꽃, 줄기, 잎, 뿌리 부분에서 추출된 에션셜 오일을 대상자의 심신과 영혼을 진정시키고 균형을 이루며 활기를 불어넣으려는 의도로 치료 혹은 예방관리에 이용하는 것을 말하며 마사지, 흡입, 목욕 등 여러 방법으로 적용하는 요법이다.

⑪ 시그니처 트리트먼트

특정 스파에서의 독특한 관리를 말한다.

⑫ 하이드로 테라피(Hydro therapy)

물의 여러 가지 형태와 방법을 사용하여 행하는 치료의 총칭으로서 물리요법의 일종이다. 수 요법이 갖는 생리학적 작용과 부력에 의한 작용, 수압에 의한 역학적 작용 외에 온천욕, 해양요법 등에 있어서는 함유 성분에 의한 생물학적 효과 등의 특이한 작용이 있다. SPA에서의 하이드로 테라피는 가장 중요하고 기본을 이루는 요법으로 현재 스파 내에서 이루어지는 여러 형태의 하이드로 테라피는 다음과 같이 적용된다.

- 기계적 자극을 동반한 수 치료
- 증기욕, 뜨거운 공기욕, 약초 목욕
- 호흡 요법

⑬ 탈라소 테라피

1896년 프랑스 학자에 의해 개발된 해수요법으로 신경안정, 심장기능 개선, 호흡기능 향상, 위장기능 강화, 담즙 분비 증가, 장운동 강화 등의 효능이 있다. 탈라소 테라피의 적용 형태는 다음과 같다

- 전신 해수욕
- 해초, 머드 Bath
- Sea water wrap

⑭ 보디 트리트먼트

- 보디랩 : 뜨거운 린넨 천으로 둘러싼 후 마일라 또는 면담요로 덮는 관리를 말한다.
- 보디 스크럽 : 피부의 건조함과 거친 각질을 제거하여 주는 기법이다.
- 브러시, 토닝 : 각질 제거를 위해 전체 몸을 드라이 브러싱하는 기법이다.
- 왁싱 : 제모를 위한 왁싱 기법이다.

⑮ 페이스 관리

페이셜 관리는 건강한 피부를 유지하기 위한 가장 좋은 방법이다. 모든 페이셜은 피부를 청결하게 유지하고 보습하며, 각질을 제거하여 새로운 세포가 적절히 성장하도록 도와준다. 정기적인 페이셜 관리를 하면 피부가 자연스럽게 개선되고 두꺼운 메이크업에서 벗어날 수 있다.

⑯ 기타

- 매니큐어와 페디큐어 : 전체 팔, 발에 대한 추가적인 관리를 포함해서

관리한다.

- 메이크업 : 파운데이션, 파우더, 아이섀도우 및 아이라이너, 립스틱, 루즈, 브러시 등의 서비스를 추가하여 관리한다.

생각하기 -

그때그때 반사적으로 반응하지 말고,

항상 의식적으로 깨어 있는 자신을 만들어 가도록 한다.

전문적인 스파 관리

07

1. 전문적인 스파 관리

1) 열 요법의 준비 및 관리 상담

스파에서 제공하는 여러 다양한 종류의 열 관리들은 독립형 관리나 마사지와 같이 다른 관리들이 가져다주는 장점에 시너지 효과를 가져다주며, 종류에는 사우나 배스, 스팀 배스, 적외선, 스파 배스, 월풀, 거품, 기포 배스 등이 있다.

(1) 열이 신체에 주는 효과

① 혈액순환과 체온이 증가한다.

② 외관상의 모세혈관이 체온을 낮추기 위해서 이완된다.

③ 혈관 확장

④ 더 많은 혈액이 생산되고 피부가 붉어지고 따뜻해진다.

⑤ 혈관 확장의 결과로 혈압이 낮아진다.

⑥ 높아진 체온은 심장 박동수와 맥박을 증가시킨다.

⑦ 림프관의 순환이 증가하고 노폐물과 독소의 배출 속도도 증가한다.

⑧ 감각신경종말이 부드러워지고 고객이 편하게 느껴진다.

⑨ 긴장되고 타이트한 근육이 이완된다.

⑩ 운동 후에 열 관리는 뻣뻣함을 유발하는 젖산의 축적을 예방할 수 있다.

⑪ 한선이 자극되고 체온을 낮추기 위해서 더 많은 땀이 분비되며, 노폐물

이 제거되고 피부가 깨끗해진다.

⑫ 피지선이 자극되어 피부를 유연하게 하는데 도움이 되는 피지가 더 많이 분비된다.

⑬ 신진대사가 약간 증가되면서 행복감이 들게 된다.

⑭ 고객들은 사우나와 스팀 목욕과 같은 치료 후에 깨끗하고 상쾌한 기분이 든다.

(2) 열 관리의 활용

① 스트레스를 해소해 준다.

② 마사지 전에 사용하면 시너지 효과를 기대할 수 있다.

③ 운동 후에 근육 내에 젖산이 축적되는 것을 방지한다.

④ 신체 청결 효과가 있다.

(3) 열 관리 시 금기 사항

① 임신 중에는 관리하지 않도록 한다.

② 박테리아 상태에서나 진균성 질환 시에는 관리하지 않는다.

③ 바이러스성 질환이 있을 때는 관리하지 않는다.

④ 최근 상처 난 조직이나 염증성 질환이 있을 때는 관리하지 않는다.

⑤ 술이나 마약, 전염성 질병이 있을 때는 관리하지 않는다.

⑥ 생리 시작 후에는 관리하지 않는다.

⑦ 많은 양의 식사 후에나 심한 피로가 있을 때는 관리하지 않는다.

⑧ 심한 멍이 있거나 편두통이 있으면 관리하지 않는다.

⑨ 간염이나 고혈압, 저혈압이 있으면 관리하지 않는다.

⑩ 심혈관 질환, 호흡계 질환, 당뇨, 췌장 관련 질환, 건선인 경우 관리하지 않는다.

(4) 열 관리 상담 확인 항목

① 조용하고 사적인 공간이면서 고객의 프라이버시를 생각한다.
② 충분한 시간을 가지고 고객이 편하고 안심할 수 있도록 하여 준다.
③ 관리와 관리 결과 및 목표에 대하여 기록한다.
④ 관리 계획을 세심하게 정리하도록 한다.
⑤ 고객의 자세와 피부 민감도 테스트를 하며 주의 사항에 대한 설명을 한다.
⑥ 기록 카드 작성을 한 후 고객의 사인을 받도록 한다.
⑦ 고객에게 금기 사항을 확인시키고 고객으로 하여금 궁금한 것에 대한 질문을 받도록 한다.

(5) 열 관리 시 고객 준비 사항

① 기록 카드를 작성하고 금기 사항들을 확인한다.
② 관리 방법 및 효과와 관리 후 기분에 대해서 설명하고 긴장감을 완화시켜 준다.
③ 고객이 열에 민감한지를 검사하는 피부 민감 테스트를 실행한다.
④ 목욕 가운, 일회용 슬리퍼, 일회용 반바지를 제공한다.
⑤ 액세서리, 콘택트렌즈와 안경을 벗도록 한다.
⑥ 개인별 로커를 받도록 한다.
⑦ 열 관리 전에 고객은 샤워를 하도록 한다.
⑧ 사우나는 낮은 온도부터 시작하도록 한다.
⑨ 고객 관리 과정을 잘 체크하도록 한다.
⑩ 간격으로 사우나 – 샤워를 반복하여 20분간 한다.
⑪ 체온의 정상 여부를 확인하기 위해 15~20분간 쉬도록 하고 미온수를 한 잔 마시고 휴식을 취한 후 다음 관리에 임하도록 한다.
⑫ 관리의 상세 내용을 기록 카드에 작성하도록 한다.(시간/온도/기타 등)
⑬ 관리 후에 할 일을 미리 설명해 준다.

2) 열 관리 종류

(1) 사우나

사우나는 건조한 열 관리이다.

1 사우나의 효과

- 체온이 증가된다.
- 신진대사율이 약간 증가한다.
- 혈압이 약간 떨어진다(10~15%).
- 맥박수가 빨라진다.
- 혈액량과 림프 순환이 증가한다.
- 혈관 확장으로 건강한 분홍빛을 띠게 된다.
- 한선 자극으로 모공이 열리고 땀과 노폐물 제거로 인하여 신체가 청결해진다.
- 피지선의 활동량이 약간 증가하며 근육이 이완된다.

2 전통적 핀란드 티롤식 사우나

천 년이 넘는 동안 사우나 목욕은 핀란드에서 실시되었다. 오늘날 사우나 목욕은 스토브에 의해서 열이 가해진 핀란드식 통나무 캐빈 모델들에서 유래된 것이다.

사우나는 단단한 나무(보통 소나무)에 의해서 만들어지거나 목욕탕 안에 더 많은 열을 담기 위해서 절연재로 채워진 나무판들에 의해서 만들어졌다.

3 라코니움 사우나

열이 균등히 나눠지는 이 라코니움 사우나는 더 시원하고 부드러운 타입으로 많은 고객들은 전통적인 핀란드식 사우나처럼 열이 많이 발산되는 사우나와 반대인, 라코니움 사우나를 더 선호한다.

'로마식 사우나'를 만들기 위해서는 아로마 에센스로 한층 더 편안한 분위기가 된다.

핀란드의 소나무 환경과는 반대 분위기로 평균온도는 55℃로 70~100℃인 전통적인 사우나와는 반대이다.

라코니움 사우나는 스토브로 열이 가해지는 것이 아니라 온돌식이 많다. 클렌징 효과는 비슷하지만 좀 더 가벼우며 높은 열을 견디지 못하거나 민감한 피부를 가지고 있는 고객은 라코니움 사우나를 선호하게 된다.

4 아로마 허브 배스

아로마 허브 배스는 낮은 습도의 매우 마일드한 아로마 허브 스팀을 더한 목욕들이 놓여진 쟁반에 물을 붓는다.

스파의 시작이나 마지막에 사용될 수 있으며, 크나이프호스가 고객들의 온도를 낮추기 위해서 제공될 수 있다.

5 적외선 사우나

- 적외선 열을 사용하며 전통적인 사우나보다는 덜 답답하다.
- 적외선이 몸의 45mm까지 침투된다.
- 열이 근육을 이완시키고 통증을 완화하며 신진대사율을 증가시킨다.
- 땀이 나므로 몸을 청결하게 해주고 독소를 제거한다.
- 컬러테라피는 관리 효과를 높이기 위해서 사용되며, 빛의 전체 스펙트럼은 고객에게 이로운 효과를 준다.

6 진동 사우나

편안함을 높이기 위해서 열과 진동을 혼합한 방식이며, 열이 얼굴에 닿는 것을 싫어하는 사람들이나 뜨거운 공기를 들이키는 것을 불편하게 생각하는 사람들에게 이상적이다.

고객은 긴 캐비닛 안에 있는 진동 소파에 앉는 동안에 테라피스트는 온도, 시간과 진동의 강도를 조절한다.

스스로 온도 조절이 가능하며 근육통이나 통증 치료에 매우 효과적이다.

7 스팀 배스

스팀 배스는 고대 터키식 목욕이나 스팀 룸에서 시작되었으며, 스파 안에서 몸을 예열하는 데 쓰는 가장 인기 있는 형태이다. 스팀 배스는 보통 섬유유리나 금속으로 만들어졌으며, 금속 재질은 영속성이 있지만 너무 뜨겁고 고객을 보호하기 위해서 많은 타월이 필요하다.

섬유유리 재질은 너무 뜨거워지지 않기 때문에 고객을 보호하기 위한 타월 수가 덜 들고, 더 매력적이며 청소하기가 수월하다.

스팀 배스의 온도는 고객이 선호하는 것에 따라서 50~55℃ 사이가 좋으며 스팀이 자유롭게 순환될 수 있어야 한다.

8 스팀 배스의 효과

얼굴이 건조하고 민감한 고객들에게 아주 좋다.

- 신체 온도가 높아지며, 신진대사가 활발해진다.
- 혈압이 약간 떨어지고(1~15%), 맥박수가 빨라진다.
- 림프 순환이 증가되어 노폐물과 독소 제거에 효과가 있다.
- 혈액과 림프 순환 증가 및 혈관 확장으로 인하여 많은 영양분을 공급받을 수 있다.
- 한선의 활동이 증가된다.
- 각질층을 부드럽게 하며 죽은 각질 제거로 인하여 피부가 좋아진다.
- 근육, 심의 이완으로 인하여 활력이 생기고 상쾌한 기분을 가지게 된다.
- 근육이완 효과와 함께 열로 인하여 말초신경에 편안함을 준다.

9 스팀 룸

수천 년 전에 터키식 목욕 방식에서 유래되었으며, 터키식 목욕 방식은 주로 각기 다른 온도의 스팀으로 가득 찬 여러 방으로 구성되며, 방의 온도는 가장 낮은 온도에서 가장 높은 온도로 바뀌었다가 다시 천천히 낮은 온도로 바뀐다.

⑩ 고온 목욕 칼다리움

'아로마 스팀룸' 방식으로 로즈, 재스민, 라벤더와 같은 허브와 아로마 에센스를 스팀에 첨가해 치료 효과를 얻는 것으로 일부 칼다리움에서는 치료 시에 이완 효과를 더 강화하기 위해 빛과 음악을 사용하기도 한다.

크나이프 호스를 제공하여 고객이 치료를 받는 동안 시원하게 있도록 한다.

⑪ 미온 목욕 테피다리움

매우 온건한 스팀 룸으로 휴식 장소와 같은 역할을 한다. 관리 과정 중에 고객이 휴식을 취할 수 있도록 몸을 따뜻하게 유지해 주며, 이 과정에서 체온, 맥박, 혈압이 서서히 정상으로 돌아온다.

⑫ 하맘

전통적인 '터키식 목욕탕'으로 돔 모양의 중앙 공간이 있고 다른 방들이 모두 이 공간으로 이어진다. 뜨겁고 수분이 있는 아로마 효과를 제공하고 가장 뜨거운 방의 경우 바닥에 온돌 장치가 설치되어 있다.

일부 하맘의 경우에는 관리 이완 효과를 강화하기 위해 빛과 사운드 효과를 사용하기도 한다. 크나이프 호스를 제공해 고객이 치료를 받는 동안 체온을 식힐 수 있도록 한다.

벽이나 바닥, 의자 모두 종종 로마식 또는 터키식 스타일로 구성되어 있다.

⑬ 라술(Rasul)

허브스팀, 머드, 샤워로 구성된 관리법으로 점점 인기를 얻고 있다.

■ 라술의 관리 효과

- 부드러운 피부
- 호흡기 시스템의 정화
- 신체 독소 제거
- 에너지를 북돋아 준다.

타일 방은 난방 벽과 바닥을 갖추고 있어서 대략 42℃까지 온도가 올라가며 천장은 천문관 형태의 플라네타륨 장식으로 되어 있어 밤하늘을 볼 수 있다. 허브를 사용해 부드러운 아로마 스팀 효과를 제공하며 고객이 라술에 들어서면 열로 인해 몸이 따뜻해지고 이완된다.

테라피스트는 고객에게 머드를 몸에 바르는 방법을 보여주고 온몸에 머드를 바른다. 머드는 색깔에 따라 다른 관리 효과가 있으며, 머드 사용법을 반드시 따라야 한다.

① **볼러스 알파(Bolus Alpha)** : 흰색의 부드러운 관리용 머드로 얼굴과 민감한 부위 전용으로 사용한다.
② **볼러스 베타(Bolus Beta)** : 황색의 부드러운 관리용 머드로 가볍게 필링 효과가 있다.
③ **볼러스 델타(Bolus Delta)** : 청색의 관리용 머드로 독성 배출과 각질 제거에 효과가 있다.

머드를 바르고 난 후 고객은 건조한 열을 받으며 휴식을 취하며, 머드가 마르기 시작하면 피부 마사지를 하여 머드의 각질 제거와 독성 제거 효과를 돕도록 한다.

아로마 스팀(레몬, 라벤더 등)이 방에 돌면서 온도와 습도가 올라가면 굳었던 머드가 녹으면서 흡수되기 시작하고 따끔거린다.

남아 있는 머드를 닦아내는 과정에서 각질이 제거되며, 혈액순환이 원활하여 피부 색깔이 좋아진다.

⑭ 시레일 머드 룸

'시레일(Serial)' 은 라술처럼 방안에 좌석과 중앙에 위치한 욕탕을 갖추고 있으며, 방 주변에는 타일로 된 바닥과 샤워실이 설치되어 있다. 고객이 시레일에 들어서면 건조한 공기로 체온을 높인 뒤에 관리용 머드를 몸에 바르고 좌석에 앉아서 휴식을 취한다.

15분 후에는 허브 스팀이 방안에 돌고 온도는 45℃까지 올라가는데 이때 굳었던 머드가 녹기 시작하면 고객은 마사지를 한다. 이러한 과정에서 각질과 독성이 제거되며, 몸에서 땀이 나기 시작하면 욕탕에 들어가거나 크나이프 호스로 몸을 식힌다.

15분 후 허브 스팀이 끝나면 위와 옆에 설치된 샤워기로 머드를 제거한다. 치료 후 신체가 정상으로 돌아올 때까지 테피다리움실 혹은 휴식 장소에서 휴식을 취한다.

⑮ 일본식 소금 룸

타일이 설치된 방에 다리 받침대가 있고 뒤로 기댈 수 있는 개인용 좌석이나 의자가 설치되어 있다.

방 중앙에는 수정 크리스털에 소금이 담긴 통이 있으며, 온도는 대략 45~48℃이며, 치료 시간은 15~20분이 적절하다.

스팀, 에센스 오일, 소금을 결합해 바닷냄새를 연상하게 하는 분위기를 연출한다. 멘톨과 같은 에센스는 코와 관련된 질병을 완화시키고 호흡을 편안하게 한다. 관리 후 깨끗이 샤워를 하여 염분기를 없애야만 피부 건조나 염증을 예방할 수 있다.

⑯ 크라센스토브

알프스산맥의 농부들은 건초를 스토브에 올려놓으면 강한 허브 향이 생긴다는 것을 발견했다.

이 관리법은 근육이완 효과가 매우 좋으며 팽창된 동맥에 도움이 된다. 그리고 몇 시간 동안 물을 많이 마시라고 충고한다. 피부가 민감해져 있기 때문에 자외선과 자외선 같은 열 관리를 피하며, 관리 효과를 극대화하기 위해 관리 후에는 몇 시간 동안 휴식을 취하고 과식이나 음주를 피하도록 한다.

한마디

스파에서의 열 관리는 핵심 치료 중의 하나이며, 스파풀, 제트 마사지, 플로테이션과 같은 물 치료나 마사지 트리트먼트(전신 마사지, 인디언 헤드 마사지, 프리 - 블렌딩 오일 마사지, 발리 마사지, 치료 마사지), 혹은 보디랩, 스크럽, 박피, 사운드 테라피, 컬러 테라피 등과 같은 치료법과 간편하게 결합하여 시행할 수 있다.

(2) 습식요법

1 관주요법

누운 자세에서 바닷물을 비처럼 뿌림으로써 진정과 이완의 효과를 갖는 마사지이다.

2 분출형 샤워

일정 거리를 유지한 상태에서 치료사가 강하게 바닷물을 분사한다. 느슨해진 근육에 생기를 제공하고 진정시키며 혈액순환을 돕는 효과가 있다.

3 순환형 물줄기에 의한 샤워

물줄기를 몸 가까이에 대고 치료사에 의해 발바닥에서 엉덩이까지 마사지하듯이 샤워하는 요법이다.

4 다리를 물에 담그기

발과 다리를 위해 10℃의 바닷물과 결빙된 해초가 섞여 있는 물을 두 개의 욕조에 준비하여 번갈아 가며 담근다. 다리를 아름답게 하고 편안하게 하는 효과가 있다.

5 수로 습식요법 (수중 분수 혹은 수중 물줄기)

바닷물로 채워진 수영장에서 집단을 대상으로 행해지는 치료법이다. 일정한 방향으로 고정되었지만, 다양한 강도의 분수 앞에서 치료사의 지도하에 몸동작을 한다. 긴장을 이완시키고 생기를 부여하며, 혈액순환을 돕는다.

6 수중 횡단

각각의 기능에 따라 바닷물을 큰 풀에 채워 넣고 해수요법을 압축하기, 기포의자, 수직/수평 간헐 온천, 수로 마사지, 바다우물, 구부러진 관 등 수중 횡단은 여러 보조적인 활동들로 보완된 복합적인 방법이다.

(3) 건식요법

1 림프샘의 건식요법

드레이니지에 의한 림프의 순환을 촉진하기 위해 규칙적인 압력을 가하면서 천천히 펌핑한다.

2 냉찜질

약 4시간 정도 시원함이 지속되는 젤이 흡수되어 있는 긴 양말을 착용하여 다리를 감싼다.

3 마사지

안마사에 의한 개인적인 마사지 받기, 긴장 완화, 근육 이완, 근육의 독소 제거, 혈액순환 개선에 효과가 있다.

4 프레소 테라피

점진적으로 압력을 가함으로써 혈관 재생을 개선하는 누르기 요법이다.

5 엔더몰리지

LPG 시스템에 기반하여 단단해진 셀룰라이트에 매우 효과적인 특수 트리트먼트이다.

★ 주의

1. 현기증이나 메스꺼움 증상 : 물을 섭취해 신체에 수분 공급을 해주고 휴식을 취하며 이마에 찬 수건이나 얼음을 올려 놓아준다.
2. 피부 부작용이 있을 때 : 찬물 샤워로 체온과 피부온도를 낮추어 주며, 진정 크림을 발라 피부 발진을 완화시켜 주며, 발진이 계속되면 병원에 간다.

① 열 피로(체액과 염분 손실로 발생함)

- 과일 주스나 갈증 해소 음료를 마시게 한다.
- 어지러움을 막기 위해 다리 위치를 높이 한 채로 누워서 휴식을 취한다.
- 이마에 차가운 것을 올려놓는다.
- 증상이 계속되면 병원에 간다.

② 근육 경련이 있을 때

- 물을 섭취해 몸에 수분을 공급하여 주고 땀으로 손실된 염분을 보충하기 위해 소금을 약간 추가한다.
- 천천히 근육 스트레칭을 하고 경련을 완화하기 위해 마사지를 하여 준다.

③ 화상(Burn)/수증기에 의한 화상(Scald)

- 수증기에 의한 화상은 사우나 난로에 데워진 물을 쏟아 붓는 등의 이유로 발생한다. 난로에서 나오는 스팀은 빠른 시간에 증발해 피부에 화상을 입힌다. 또한, 뜨거운 물로 샤워할 경우에도 화상을 입을 수 있다.
- 열에 의한 화상은 고객이 보석류를 착용했거나 사우나에 있는 금속

부분을 만졌을 경우에도 생길 수 있다.
- 즉시 화상 부위에 찬물을 붓는다.
- 소독 드레싱을 바른다.
- 화상 정도가 심하거나 낫지 않을 경우에는 병원에 간다.

④ 코피

(높은 열로 인해 코 안에 점막이 충혈됨으로써 코피를 흘리기도 한다.)
- 코 아랫부분을 약 10~15분 동안 꼭 쥐어 주도록 한다.
- 코피가 30분이 지나도 멈추지 않을 경우에는 병원에 가도록 한다.

2) 냉 요법의 준비 및 관리 상담

신체온도(37℃)보다 낮은 온도가 사용되는 스파에는 많은 다른 종류의 냉 요법이 있다. 냉 요법은 단독으로 혹은 자주 다른 관리들과 결합되어 사용된다.

(1) 냉 요법의 유형(콜드 트리트먼트)

① 얼음 방(Frigidarium)
② 얼음 분수(ice fountain)
③ 냉 욕실
④ 냉 관수
⑤ 냉 풀런지 풀(plunge pool)
⑥ 냉 족욕
⑦ 냉 샤워(교차 샤워)
⑧ 비시 샤워/ 얼음 동굴/ 얼음 이글루
⑨ 축축하고 시원한 담요로 신체 감싸기
⑩ 냉 압박/ 눈 위 걷기/ 눈 오두막/ 눈 낙원

(2) 신체에서의 냉 효과

① 혈액순환 감소

② 혈관 수축

③ 모세혈관 수축(피부 창백)

④ 표면적인 신경말단 진통 효과

⑤ 피부 탄력

⑥ 체온을 증가시키기 위해 일정 시간 차갑게 하면 신진대사가 증가된다.

⑦ 피곤하고 나른해진 고객들에겐 활기와 에너지를 부여해 준다.

(3) 냉 관리의 적용

① 온열요법을 하는 동안 몸을 식힌다.

② 관절염에서의 열을 줄이고 시원하게 해준다.

③ 염증을 감소시켜 준다.

④ 진통제 효과가 있으며, 표면의 신경말단에 고통을 완화해준다.

(4) 냉 요법의 금기 사항(비 적용증)

① 높거나 낮은 혈압

② 마음의 무질서/ 혼란

③ 순환의 문제

④ 동작

⑤ 호흡 문제

⑥ 열

⑦ 임신

⑧ 간질

⑨ 상처

⑩ 감염 조건

(5) 냉 요법의 상담 확인 항목

① 조용한 개인 공간을 확보한다.

② 고객의 사생활 보호하에 상담한다.

③ 많은 시간을 가지고 임하도록 한다.

④ 고객으로 하여금 쾌적하고 편안함을 가지도록 한다.

⑤ 관리 계획에 따른 관리 목적과 성과에 대하여 기록한다.

⑥ 기록 카드 작성에 고객의 사인을 받도록 한다.

⑦ 부작용에 대한 설명과 비적용 증에 대하여 체크한다.

⑧ 고객의 자세 교정과 피부 민감 테스트에 대하여 확인한다.

⑨ 고객의 질문을 받도록 한다.

(6) 냉 요법의 유형

1 얼음 방(Frigidarium)

얼음 동굴 또는 얼음 방은 보통 15℃ 이하로 작동된다. 방은 보통 타일로 덮여 있고 공기청정기가 달려 있다.

고객은 특히 사우나 또는 다른 열 관리로 교차하여 관리할 때에 혈액과 림프 순환을 자극하기 위해 얼음 방을 사용할 수 있다.

전신에 잘게 부순 얼음조각을 문지르고 활력과 생존감을 위해 얼음조각을 차게 남겨둔다. 20분 동안 휴식 취한 후 다음 관리를 진행하든지 아니면 마무리하게 된다. 관리 후 신체의 균형을 되찾기 위하여 따뜻한 가운과 물을 많이 마시도록 한다.

2 얼음방 관리 방법

- 제조업자의 지시에 따른다.
- 얼음 방 안의 감염 확산을 막고, 위생환경이 확실하도록 규칙적으로 소독하여 준다.

- 마루를 깨끗하고 마르게 유지해 준다.
- 어떤 좌석 공간이라도 깨끗한 타월을 제공하고 하루의 마무리는 얼음 방을 환기시키는 것으로 마치도록 한다.

3 얼음 분수(Ice fountain)

얼음 분수는 '얼음 방' 과 유사한 이점이 있으나, 얼음 분수는 자유롭게 자동적으로 얼음을 갈아서 쓸 수 있는 장치이다.

얼음 분수는 보통 플런지 풀 및 사우나 또는 증기방 근처에 두게 된다. 고객은 얼음을 플런지 풀에 추가할 수 있거나 전신에 갈려진 얼음을 문지를 수 있으며, 효과는 얼음 방과 동일하다.

4 냉수욕

냉수욕은 매우 자극적이고 순환을 돕기 위해 강한 열 관리 후에 신체를 차갑게 하는 전통적인 스파에서 제공된다.

온도는 75° F/24℃로 고객은 비적용증이 없이 매우 건강해야 한다.

5 냉 샤워

- 냉 샤워는 매우 신선하고 혈액순환과 신진대사를 늘린다.
- 약한 면역 시스템을 가진 환자와 피곤함과 피로에 좋다.
- 신체 전반 혹은 가슴 같은 신체의 특정 부위에 도움을 준다.
- 관리 후에 고객은 1시간 정도 쉬는 것이 좋다.

6 냉 플런지 풀

- 보통 사우나와 증기 방들의 근처에 있는 꽤 작고 깊은 풀이다.
- 고객은 열 관리 동안 간헐적으로 풀에 몸을 담글 수 있다.
- 풀의 차가운 온도는 빨리 신체를 식히고 혈액순환을 자극한다.
- 뜨겁고 차가움 사이에서 온도의 차이는 순환이 증가되는 것과 같이 신체에 유익할 수 있다.

7 냉 족욕

- 냉 족욕은 순환장애와 다리의 피로를 풀기 위해 사용된다.
- 혈액순환이 좋아지면서 신진대사가 자극되어 불면을 도울 수 있다.
- 족욕의 온도는 대략 54° F/37℃이다.
- 따뜻하고 차가운 족욕을 번갈아 교체하는 것은 매우 자극적이며 혈액순환은 증가되고 신체의 열 조절 시스템은 증진된다.
- 온 족욕은 대략 100° F/37℃이고, 냉 족욕은 54° F/12℃ 이다.
- 온 욕조에서 5분, 냉 욕조에서 15초를 2~3회 반복하면 좋다.

8 냉 샤워(교차 및 샤워)

- 냉 샤워는 피곤과 피로를 극복하고 전신 토닉 효과가 있어 열 관리 후 체온을 감소시키기 위해 사용할 수 있다.
- 고객은 참을 수 있을 정도의 찬 온도에서 가능한 오랫동안 샤워를 하게 되면, 추위에 대한 내성이 증가되고, 더 오랫동안 냉 샤워를 할 수 있게 된다.
- 따뜻한 샤워에서 시작하여 천천히 온도를 차갑게 감소시켜서 샤워하는 교차 샤워 방법으로 2~3번 되풀이하여 꾸준히 하면, 신체를 단련시키고 피부에 조화로운 영향을 끼치게 된다.

9 전신을 감싸는 차갑고 축축한 모포

- 신체의 해독을 돕는데 매우 효과적인 관리로 열을 다루고 몸을 시원하게 하며 만성적인 병들을 개선한다.
- 의학적 감독하에서 수행되어야 하며, 고객은 해독을 위해서 미네랄 소금이나 아로마 테라피 오일로 뜨거운 목욕을 한 후에 차가운 물에 흠뻑 적셔지고 비틀어 짠 시트를 감싸고 침대에 눕는다.
- 관리의 마지막에 신체의 다른 일부분을 묽게 희석된 식초로 씻길 수 있다.
- 피부를 건조하면서 고객은 신선한 음료와 함께 휴식을 취하도록 한다.

⑩ 냉 습포

- 냉 습포는 스파에서 보통 실행되며, 흥분을 가라앉히고 소화를 촉진할 수 있다.
- 차가운 물에 적신 아마포(린넨) 시트를 복부에 적용한 후 따뜻한 모포로 감싸고 휴식을 취하도록 한다.

⑪ 스노우 워킹

- 독특한 관리로 순환을 자극하고 신체에 활력을 준다.
- 의학적 감독하에 이루어지는 일부의 스파는, 만성 두통과 감염의 요인이 있는 고객에게 적용할 수 있다.
- 고객은 반드시 비 적용증을 체크 받고, 처음엔 2~3초 동안만 눈 위를 걷다가 천천히 최고 3분까지 지속시킨다.
- 눈 산책 직후에 활기찬 걷기로 인해 따뜻해진 다리는 마사지와 따뜻한 양말과 부츠를 신는 것이 필요하다.

⑫ 스노우 캐빈 / 스노우 파라다이스

- 차게 하는 것이 결정적인 방법이다.
- 오두막의 온도는 대략 -15℃로 유지시키고 진짜 눈으로 가득 채운다.
- 내부의 표면은 오두막 주위의 눈이 암벽으로 만들어지게끔 디자인한다.
- 고객은 보통 잠시 동안 오두막에 있을 것이고, 차가워지는 진행 속도에 맞추어 몸 위에 눈을 놓게 된다.

⑬ 얼음 동굴

- 오두막은 고객이 비교적 서서히 차가워지도록 하기 위하여 5℃로 식히게 된다.
- 통상적으로 차가워지는 과정을 늘리기 위하여 잘게 부순 얼음을 고객 몸 위에 제공하도록 오두막 안에 얼음 분수가 있다.
- 이 오두막들의 인테리어 디자인은 바위가 많은 암벽이거나 에스키모의

이글루와 비슷한 돔형 지붕 타일로 덮여 있다.

(7) 사후 관리와 트리트먼트 조언

- 냉 요법을 한 후 고객은 빨리 일어나지 말고 천천히 옷을 입는 것이 중요하다.
- 휴게실의 온도는 너무 낮지 않도록 유지하여, 고객이 편안히 휴식을 취할 수 있도록 한다.
- 고객의 혈압이 정상으로 돌아오는 것과 다음 관리를 고려하여 적어도 20~30분 정도의 휴식이 필요함을 설명한다.
- 고객이 너무 서두르게 되면 현기증을 느낄 수도 있다.
- 냉 요법 후에 신체는 천천히 따뜻함에 익숙해질 필요가 있음을 전한다.
- 고객이 휴식을 취하는 동안 사후 관리와 다음 관리에 대한 안내를 한다.
- 고객에게 한 잔의 물이나 과일 주스를 준다.
- 고객에게 몇 시간 동안에 많은 물을 마시도록 권장한다.

생각하기-

집착하여 붙들고 있지 말고,

쉽게 마음을 비우는 연습을 하며,

모든 일은 늦었다고 생각할 때

포기하지 말고 시작 하도록 한다.

하이드로 테라피Hydrotherapy의 이해

08

1. 하이드로 테라피의 이해

온천에서 물의 사용은 수천 년 전부터 자연적 트리트먼트를 위한 최초의 기반이었다. 오늘날의 스파에 있어서 물의 사용은 스파 목욕, 샤워, 풀로 제공되는 트리트먼트를 수행하는 중요한 의미를 갖는다. 미네랄이 풍부하거나 또는 일반적으로 사용되는 물은 트리트먼트를 위해 사용될 수 있고 몸과 마음을 이완하는데 사용되기도 한다.

스파에 있어서 물에 기반을 둔 트리트먼트의 적용은 전통적인 뷰티 살롱과 레저 클럽과는 별개의 것이다. 물의 자연적 원천은 수 세기 전에 원래의 온천욕을 위한 이유 때문이었다. 역사적으로 고대 이집트, 로마, 그리스, 터키의 시대로부터 트리트먼트를 위해 물을 사용한 것을 서술하지만, 스파 목욕을 유럽에 소개한 것은 로마인들이었으며, 온천 주변에 개발된 마을들(수백 년 동안 목욕을 하려는 사람들을 위한 요양소와 휴일 휴양지가 되었던)은 워터 트리트먼트 방법과 병을 앓고 난 후에 건강을 회복하는 표본이었다.

유럽 스파에 있어서 물의 사용은 스파 경험의 주요한 부분으로 보이며, 의료적 상황의 다양성을 위해 사용된다. 예를 들어 프랑스는 바닷물을 사용하는 탈라소테라피 센터와 몸의 독소를 제거하고 미네랄을 풍부하게 하는 해초 제품으로 명성이 있다. 또한, 워터 트리트먼트는 전통적인 트리트먼트를 만족시키는 트리트먼트와 함께 사용되는 아시아와 미국에서 인기리에 바른 성장을 하고 있다.

1) 워터 트리트먼트의 적용

이완, 스트레스 완화, 피부 상태 개선, 근육통 경감에 효과가 있다.

(1) 육체적인 것

① 말초신경을 진정시키고 근육에 혈액 공급을 증가시키며 몸을 따뜻하게 함으로써 이완을 도모한다.

② 몸의 독소와 찌꺼기를 제거함으로써 면역 체계를 활발하게 한다.

③ 근육이완(열), 근육 상태 활발(냉온), 운동 후에 발산되는 근육의 젖산을 제거함으로써 근육 상태를 개선한다.

④ 트리트먼트 시에 트리트먼트를 활발하게 하는 제품을 사용한다면 신진대사는 증가될 수도 있다.

⑤ 림프 순환은 증가되고 부종과 체액 정체의 부분에서는 유리하다.

⑥ 과도한 독소 제거와 붓기를 감소함으로써 관절의 유연성을 증가시킨다.

⑦ 물속의 풍부한 미네랄 성분 때문에 피부에 충분한 영양 공급이 되어 피부상태를 개선해 준다.

(2) 심리적인 것

① 신체 이완, 말초신경이 순화되어 마음을 이완해 준다.

② 신체 이완으로 인하여 수면 패턴을 개선해 준다.

③ 독소 제거로 인하여 에너지 수준을 활발하게 한다.

④ 말초신경 순화와 활발함으로 인한 행복감을 느끼게 된다.

(3) 워터 트리트먼트의 혜택

① 스트레스

② 관절염/ 류머티즘

③ 병으로부터의 회복

④ 스포츠 상해

⑤ 체액 정체

⑥ 피부 문제

⑦ 독소 감소/ 다이어트

2) 워터 트리트먼트의 유형

- 스파 풀
- 하이드로 테라피 배스
- 플로테이션
- 블리츠/스카치 샤워
- 스위스/비시 샤워
- 크나이프 요법

3) 워터 트리트먼트의 제한

- 어지러움 동반
- 멀미
- 두통
- 피부 염증
- 햇볕에 탄 것
- 최근의 왁싱, 제모, 피부 박피
- 베임과 찰과상
- 고막 파열
- 식사 직후나 과식을 한 경우

4) 시행 시의 금지 사항

- 높은 온도
- 전염성 또는 감염성 있는 질병
- 알코올이나 마약을 복용한 사람
- 최근 수술 또는 방사선 치료/ 화학요법 치료를 받은 경우
- 심한 신장 장애
- 임신
- 의학적 부종
- 간질
- 욕조의 화학 제품에 대한 민감성
- 밀실 공포증
- 혈액순환 장애
- 골다공증
- 요실금이 있는 환자들
- 천식
- 정맥 확장
- 심한 타박상

5) 워터 트리트먼트 체크리스트를 위한 준비

- 안전
- 위생
- 전문적인 태도
- 장비/제품/소모품
- 손 씻기
- 기록 카드

- 개인 탈의 시설 및 가운
- 피부 청결
- 장비 내에서 관리 중 고객 도움 요청 방법 안내
- 트리트먼트 제품 선택
- 올바른 고객 위치 안내

(1) 스파 풀

① 자쿠지(분류식 기포 모욕 풀/상표명) 또는 월풀로 알려진 것처럼 고객은 몸 주위로 물이 순환하는 바닥과 측면에 고압력 워트젯을 가진 욕조 안에서 앉거나 눕는다.

② 따뜻한 공기는 추진기에 의해 물속으로 주입되며, 거품을 생성하면서 작은 노즐을 통과한다.

③ 욕조는 내구성 있는 아크릴로 만들어지지만, 직접적인 수중 마사지를 제공하는 하이드로 욕조만큼 강하지는 못하다.

④ 사용되는 제품 : 에센셜 오일, 미네랄 소금 제품, 밀크웨이 파우더

1 스파 풀 장비 리스트

- 물 테스트 장비
- 깨끗한 수건
- 샤워
- 아로마 테라피 램프
- 초
- 피부 클렌징 제품
- 고객 위한 물과 컵
- 목욕을 위한 트리트먼트 제품

2 트리트먼트룸 또는 스파 풀 내에서의 준비

- 제조사의 지침에 따라 스파 풀을 켠다.
- 욕조에 물을 채우고 온도를 체크한다.
- pH가 7.2~7.8의 균형 상태를 유지하도록 정기적으로 물을 테스트 한다.
- 풀이 차오르면 물에 적합한 제품을 첨가한다.
- 풀 주위가 청결한지를 확인한다.
- 고객은 모든 옷, 보석, 콘택트렌즈, 안경을 벗어야 하고 공동 풀을 사용할 때는 수영복을 입도록 한다.
- 메이크업을 지운다.
- 근육조직을 따뜻하게 하고 몸을 청결하게 하기 위해 트리트먼트 전에 고객이 샤워하도록 권한다.
- 일회용 슬리퍼와 가운을 제공한다.
- 편안하고 긴장이 풀린 고객에 대한 안내

3 스파 풀 사용 효과

긴장 완화 / 근육통과 피로 회복 / 관절 장애 개선 / 혈액순환 향상/ 통증 완화 / 피부 청결

(2) 하이드로 테라피

1 욕조 장비 리스트

- 깨끗한 수건
- 목욕을 위한 트리트먼트 제품
- 샤워
- 아로마 테라피 램프
- 초
- 조용한 음악
- 피부 클렌징 제품

- 고객 물과 컵

2 하이드로 테라피 배스

- 스파 풀과 유사하지만, 고압력 워트젯의 다양한 혜택이 더해진다.
- 전신의 특별한 부위에 직접적으로 분사될 수도 있고, 욕조에 있는 호스를 손으로 조작해서 보디의 원하는 부위에 물을 직접 분사할 수도 있다.
- 욕조 물 온도는 보통 34~38℃로 유지하며 해수나 혹은 에센셜 오일 또는 미네랄 소금을 넣을 수도 있다.
- 스파에서 제공되는 트리트먼트로 인기가 상승하고 있으며, 욕조가 신체 모양에 꼭 맞을 때 신체의 특별한 부분은 이러한 고압력 워트젯으로 마사지될 수 있고, 림프 배출은 테라피스트가 고객의 목적하는 부위를 호스를 사용하여 관리할 수 있다.
- 욕조가 컴퓨터로 조절됨에 따라 미리 설정한 마사지 프로그램을 수행하고 계속적으로 온도를 유지하며, 프로그램 진행 시에 워트젯은 전통적인 마사지의 장점을 살릴 수 있도록 자동적으로 방향이 조정될 수 있다.
- 테라피의 효과를 증대시키기 위하여 다른 트리트먼트와 함께 사용된다.
- 트리트먼트는 대략 15~20분간 지속되어야 하고, 고객이 받는 다른 트리트먼트와 병행하면서 일주일에 2~3회 시행하면 좋다.

3 하이드로 테라피 트리트먼트 순서

- 고객이 편안해 하는 온도를 확인하고 풀에 들어가도록 한다.
- 고객이 바른 자세를 유지하도록 하고 전신 부위(척추, 목, 발)에 워트젯이 적절하도록 잘 정렬한다.
- 욕조를 시작하고 적절한 프로그램을 준비하고 고객이 이완하도록 한다.
- 만약 손 호스가 포함되어 있다면, 근막 마사지와 림프액 배출을 위해 적절한 부위에 물을 직접 향하게 한다.
- 고객이 만족감을 느끼도록 계속적으로 체크한다.
- 최대 20분 동안 관리하도록 한다.

- 풀에서 고객이 나오는 것을 돕고 따뜻한 타월이나 가운으로 감싸준다.
- 특별한 트리트먼트 제품을 포함하지 않는 한 고객이 샤워할 수 있도록 안내한다.
- 한 잔의 물과 함께 고객이 10~15분 동안 이완하면서 휴식하도록 한다.
- 고객에게 향후의 트리트먼트와 홈 케어의 절차와 제품에 대하여 안내하고 고객 기록카드에 반응 또는 고객 평을 기록하도록 한다.

④ 하이드로 테라피 배스 사용 효과

긴장 완화 / 근육통과 피로 / 관절장애 / 혈액순환 향상 / 통증 완화 / 피부 청결 / 척주의 운동성 향상 / 근육 유연성 증가

(3) 풀로테이션

① 풀로테이션 요법은 밀폐된 탱크나 욕조 속에서 이루어지며, 고객은 소금과 미네랄이 풍부한 물에서 플로팅하게 된다.

② 현재 풀로테이션 탱크는 안쪽에는 플라스틱 합성수지로 된 유리섬유로 만들어지며, 풀로테이션은 고객의 선택에 따라 빛과 음악이 있는 어둡고 조용한 환경에서 이루어질 수 있다.

③ 사해 소금인 미네랄 첨가제는 건조 피부, 습진, 건선에 특효가 있으며 풀로테이션 탱크 내에서 사용된다.

④ 건조 풀로테이션은 스파에 있어서 지금은 흔히 유용하게 쓰인다.

⑤ 풀로테이션은 밀실공포증이나 공포 공격을 겪는 고객을 잘 파악하여야 하며, 트리트먼트 시간은 약 30~60분 지속되며, 일주일에 2~3회 시행하면 좋다.

⑥ 풀로테이션의 완전한 효과를 보기 위해서는 더 긴 시간의 트리트먼트를 추천하기도 한다.

1 풀로테이션 장비 리스트

- 순수 소금 혹은 미네랄 소금 제품

- 물을 정화하기 위한 화학제품
- 깨끗한 수건과 샤워실
- 피부클렌징 제품
- 페트로리움 젤리
- 귀마개
- 아로마 램프와 초
- 조용한 음악
- 고객의 물과 컵

2 풀로테이션 준비와 트리트먼트 룸

- 분위기는 스파 트리트먼트와 같아야 하며, 스파에 의해 요구되는 표준에 따라 준비되어야 한다.
- 방에 불빛을 희미하게 하고 이완 음악을 작동하도록 하며, 풀로테이션 탱크/욕조의 준비를 위해 미네랄 소금이나 순수 소금이 첨가된 따뜻한 물의 온도는 34~36℃ 사이가 좋으며, pH가 7.2~7.4의 균형 상태를 유지하도록 하고, 물은 다음 고객을 위해서 찌꺼기를 제거하고 청결하게 정리하도록 한다.
- 고객의 준비
  - 모든 옷과 보석류를 벗어야 한다.
  - 메이크업을 지운다.
  - 근육조직을 따뜻하게 하고 몸을 청결히 하기 위해 트리트먼트 전에 샤워를 하도록 한다.
  - 샤워장에서 풀까지 걸어갈 때 신도록 일회용 슬리퍼 제공한다.
  - 풀로테이션 트리트먼트 전에 고객이 화장실을 이용하도록 권유하고 고객이 완전히 이완되도록 도와준다.

3 풀로테이션 트리트먼트 순서

- 고객에게 풀로테이션 탱크 안에서 장비가 어떻게 작동되는지에 대하여

설명한다.

- 알맞은 온도에서 들어가도록 하고 고객이 바른 자세를 하도록 도와주며 필요하면 귀마개를 제공한다.
- 고객이 민감하고 처음 트리트먼트 하는 것이라면, 고객이 만족감을 느끼는지를 확인하기 위해 고객과 함께 한다.
- 트리트먼트 시간은 20분에서 1시간 지속될 수 있다.
- 풀에서 고객이 나오는 것을 돕고 따뜻한 타월이나 가운으로 감싸주며, 피부에 남아 있는 소금기 제거를 위해 샤워한다.
- 한 잔의 물과 함께 1~15분 동안 휴식을 취하게 하고, 향후 홈케어와 트리트먼트의 절차와 제품 안내 및 고객기록 카드에 반응 또는 고객평을 기록하도록 한다.

4 풀로테이션요법 사용 시 효과

스트레스 완화 / 질병으로부터 회복 / 정신적 스트레스와 불안감 해소 / 임신 / 운동 부상으로부터 회복 / 근육 긴장 / 관절염과 류머티즘 / 건조한 피부 상태 / 불면증(4시간 수면 정도) / 호흡 조절

(9) 블리츠/스카치 샤워

① 테라피스트가 고객으로부터 3m 정도 떨어져 서서 다양한 높이에서 전신에 직접적으로 고압력의 샤워 제트를 하는 것을 말하며, 샤워 호스는 좁은 노즐로 되어 있고 따뜻한 물을 내뿜는다.

② 워트젯은 혈액순환을 촉진하거나 근육 긴장을 이완하는 데 있어 고객의 보디의 다른 부위에 직접적으로 사용될 수 있으며, 림프액 배출을 촉진하기 위해 시행될 수도 있다.

③ 더 많은 트리트먼트를 활성화하기 위하여 물의 온도를 뜨거운 것에서 차가운 것으로 변화시킬 수 있다.

1 스카치 샤워 사용 시 효과

- 근육 긴장
- 관절염
- 스트레스
- 과체중 고객
- 경미한 혈액순환의 문제
- 해독 프로그램 상의 고객
- 셀룰라이트

2 스카치 샤워 트리트먼트는 보통 박피, 마사지, 스팀과 탈라소 테라피와 같은 다른 스파 / 하이드로 테라피 트리트먼트와 함께 혼합해서 이용되며, 뜨겁고 찬물 대신에 해수는 스파에 의존하면서 워트젯으로 쓰인다. 특히 심장이상이나 심한 정맥 확장, 뼈 골절은 피해야 하며, 관리는 약 15~20분 지속되고 일주일에 2~3회 시행하면 좋다. 고객의 상황에 따라 4~5일 동안 매일 시행할 수도 있다.

> 관리실 분위기는 모든 스파 트리트먼트처럼 준비하며, 샤워기를 깨끗하게 하고 고객이 미끄러지지 않도록 바닥을 건조하게 한다.
> 물의 온도는 약 34℃로 준비한다.

3 고객 준비 사항

- 모든 옷과 보석류를 벗어 놓아야 한다.
- 메이크업을 지운다.
- 일회용 슬리퍼와 필요한 가운을 제공한다.
- 고객에게 제트 샤워 트리트먼트의 절차에 대해 설명한다.
- 트리트먼트 전에 화장실을 이용하도록 권고한다.

4 블리츠/스카치 샤워 호스 장비 리스트

- 일회용 발싸개(샤워 시 교차 감염을 막기 위함)
- 따뜻한 수건과 물병, 유리컵
- 트리트먼트 가운
- 얼굴 클렌징 제품과 보디 트리트먼트 제품 구비

5 블리츠/스카치 샤워 호스 트리트먼트 순서

- 고객이 샤워기의 뒤쪽을 마주하도록 한다.
- 고객은 테라피스트로부터 약 3m 정도 떨어져 있어야 한다.
- 워트젯은 시작할 때 고객에게 똑바로 향하게 하지 말아야 한다.
- 물을 흐르게 하고 워트젯 노즐 속으로 손가락을 막아서 물살을 약하게 하여 시작한다.
- 고객에게 물을 직접 분사한다. 직접 분사 몇 분 후에 발목부터 시작해서 몸 전체를 시행한다.
- 몸 측면을 분사하면서 고객이 돌아서도록 한다.
- 워트젯이 발목을 향하게 하면서 정면으로부터 시작하여 몸 전체를 한 다음에 어깨 부위에서 마친다.
- 2~3분 동안 트리트먼트를 지속하고 따뜻한 물로 몸 전체를 분사하고 끝낸다.
- 고객이 샤워하고 나오는 것을 돕고 따뜻한 타월이나 가운으로 감싸도록 한다.
- 한 잔의 물과 함께 고객이 10~15분 동안 조용한 장소에서 이완할 수 있도록 한다.
- 보디 크림을 바르게 한다.
- 고객에게 향후의 트리트먼트와 홈케어의 절차와 제품에 대하여 안내한다.
- 고객 기록 카드에 반응 또는 고객 평을 기록한다.

(10) 스위스 / 비시샤워

비시 샤워 또는 관주요법으로 알려진 것처럼, 이것은 수평의 샤워 막대기에 고정된 5개 또는 그 이상의 샤워 제트 분사기로부터 작은 폭포 같은 물줄기가 나오며, 고객은 부드러운 샤워를 받으며 테이블 위에 누워 있는다. 마사지와 박피 트리트먼트는 고객이 침대에 누워 있을 때 함께 사용될 수 있다. 아로마 오일과 다른 제품들은 샤워 동안 사용될 수 있으며, 일반적인 물의 온도는 보통 39℃지만 물 압력과 온도는 고객에 따라서 적당히 조절하며, 몸의 전후는 하이드로 마사지처럼 한다.

스위스 / 비시 샤워 트리트먼트는 보통 박피, 마사지, 보디랩과 같은 다른 하이드로 테라피 트리트먼트와 함께 혼합해서 이용되며, 물에 기반을 둔 아로마 제품과 오일은 트리트먼트의 이완을 돕기 위해 샤워 동안 사용될 수 있다.

뜨겁고 찬물 대신에 해수는 스파에서 워트젯으로 쓰일 수 있다. 관리는 약 20분 정도 지속되고 일주일에 2~3회 시행할 수 있으며, 관리실 분위기는 모든 스파 트리트먼트처럼 하며, 스파에서 요구되는 기준에 따라 준비한다.

샤워기 필터가 깨끗하고 방수판은 적절한 제품으로 청소한다. (샤워 머리 부분은 일주일에 한 번 청소하며, 물의 온도는 약 38℃로 준비한다.)

고객의 준비는 블리츠 / 스카치 샤워와 같은 방법으로 준비한다.

1 스위스 / 비시 샤워 트리트먼트 순서

고객이 침대에 눕는 것을 돕고 트리트먼트를 시작할 때에 얼굴이 아래로 향하게 한다.

- 고객으로부터 멀리 떨어져서 따뜻한 물을 작동시키고 점차적으로 고객의 몸에 가로질러 움직인다.
- 10분 동안 샤워를 통해 이완되도록 하고 몸을 돌려서 10분간 더하여 준다.
- 트리트먼트가 마사지와 함께 혼용해서 되는 것이라면, 마사지를 시작하기 전에 이완되도록 5분 동안 샤워 아래 고객이 있게 하고 고객을 샤워

아래 5분 더 있게 하는 트리트먼트로 마사지를 끝낸다.

- 제트 분사기를 고객에게서 치우면서 샤워를 마치고 고객이 침대에서 내려오는 것을 돕는다. 이때 따뜻한 타월이나 가운으로 감싸준다
- 트리트먼트 후에 한 잔의 물과 함께 고객이 10~15분 동안 조용한 장소에서 이완하도록 한다.
- 고객에게 향후의 트리트먼트와 홈케어의 절차와 제품에 대해 전달하고 고객 기록 카드에 반응 또는 고객 평을 기록한다.

※ 주의 : 워트젯의 물 온도는 필요에 따라 트리트먼트를 통해 뜨거운 물에서부터 찬물로 변경될 수 있다.

2 비시 샤워 사용 효과

- 긴장 완화
- 스트레스
- 불면증
- 근육통과 통증들
- 혈액순환
- 림프의 배수
- 제한된 움직임을 가진 고객
- 과체중 고객

(11) 크나이프 요법

1800년대 중반 독일 크나이프 신부에 의해 개발된 수 치료법으로 냉 온수요법, 허브, 자연, 식이 등의 자연요법과 함께 적용하며, 현재 독일 수 치료센터에서 많이 활성화되고 있다.

크나이프 요법은 심장과 혈관의 질병 및 신경계통의 기능 부전을 치료하는데 특효가 있다.

크나이프 요법은 캐모마일, 라벤더, 파인니들, 로즈메리, 발삼민트와 같은 전통적인 허브를 사용하며 마사지, 사우나, 스팀, 스파/하이드로 테라피, 박피, 보디랩과 같은 스파 트리트먼트와 함께 사용될 수 있으며, 때때로 높은 온도를 포함하기 때문에 고객이 심장 이상이나 혈관계 이상이 있다면 특별한 주의가 요구되며, 임산부 고객에게는 시행하면 안 된다.

1 크나이프 요법 트리트먼트의 순서

• 팔과 다리 목욕

차거나 뜨거운 물을 둘 다 사용할 수 있으며, 만약 찬물을 사용한다면 고객의 온도에 대한 적응력에 따라 1분 이내로 팔과 다리를 담그도록 한다. 따뜻한 물이면 15~20분 이내로 담근다

• 엉덩이 목욕

다른 온도에 대한 적응력과 같은 시간을 사용함으로써 차거나 뜨거운 물을 사용할 수 있다.

• 전체 목욕(찬물)

고객이 건강 상태가 좋을 때 최대 10초 동안만 사용하며, 따뜻하고 뜨거운 목욕은 10~20분 사이에서 할 수 있다.

※ 트리트먼트 시 주의 사항

1. 어지러움이나 멀미 등이 동반할 수 있다.
2. 트리트먼트가 끝나면 따뜻한 수건이나 가운으로 고객의 몸을 감싸고 15~20분 정도 이완과 휴식을 취하도록 한다.
3. 고객이 충분한 물을 보충하도록 한다.

2 크나이프 요법의 효과 :

• 근육 긴장

• 림프부종

- 스트레스
- 두통
- 해독 프로그램상의 고객
- 고혈압
- 피로
- 관절염
- 경미한 혈액순환 문제
- 셀룰라이트

(12) 수영 풀

몇몇의 스파에서 풀은 주요 트리트먼트 장소이며, 온도 조절 풀과는 다른 온천 풀 또는 미네랄 / 소금 / 해수 속에서의 풍부함은 건강을 회복하고 다양한 병을 경감하며 활기차게 하는데 사용된다.

(13) 와추(watsu)

와추(watsu)는 수중에서 몸을 이완하는 시아추와 물의 합성어에 기반을 둔다. 워터 시아추(water shiatsu)에서 강조하는 것은 따뜻한 물에서 몸을 스트레칭 하는 것이고 관절과 근육을 자유롭게 움직이도록 하며 깊은 긴장 이완을 향상한다.

그 움직임은 고객이 따뜻한 물속에 잠겨 있을 때, 부드러운 스트레치로 몸을 움직일 때, 고객의 호흡과 함께 느린 율동적 운동에 의해 이행되며, 몸은 긴장, 스트레스와 고통을 이완하고 과거에 움직임이 제한되었던 자세를 풀면서 따뜻한 물속에서 떠 있게 한다.

와추 시간은 1시간 정도 지속되며, 사전에 고객의 필요 사항과 주의 사항, 또는 금기 사항 등을 확인해야 한다.

※ 와추의 장점

1. 스트레스와 걱정 완화
2. 에너지 수준 증가
3. 고객의 운동 범위 증가
4. 통증피로 근육 긴장 감소
5. 호흡 형태의 향상
6. 불면증 향상
7. 보디 자각 향상과 감정적 스트레스 해소

- 물은 나이 들고 육체적으로 장애가 있거나 임신한 고객에게 근육과 관절이 더 가볍게 이완되는 느낌을 주고, 이전에 운동 중에 제한되었던 부분의 유연성을 증가시켜 준다.
- 심리학적으로 고객이 물속에서 조용히 잠겨 있거나 부드럽게 흔들릴 때에 고객과 운동시키는 사람 간의 믿음을 발전시키고 고객은 안정감을 느끼게 된다.
- 스파에서 와추는 트리트먼트를 위해 설치된 풀을 전문화하며 인기가 증가하고 있다.

(14) 딥티슈 마사지(Deep tissue massage)

긴장되어 있거나 뭉쳐져 있는 근육을 테크닉을 통하여 깊이 자극하여 주고 완화시켜 줌으로써 감정적 긴장까지 개선시키는 치료 마사지이다.

(15) 보디 글로(Body glow)

보디 스크럽이라고도 한다. 소금, 약초, 그 밖의 제품들을 이용하여 묵은 각질을 제거하고 혈액순환 촉진, 피부의 촉감을 부드럽게 하고 윤기를 준다. 주로 마사지나 마스크 전 단계에서 시행한다.

■ 하이드로 테라피 트리트먼트를 마친 후 고객의 홈케어와 고객이 사용하는 제품에 대해 조언하는 것은 매우 중요하다. 트리트먼트에 대한 고객의 반응을 기록하고 고객에게 추천할 더 많은 트리트먼트를 기록하기 위하여 중요한 것은?

① 트리트먼트 후에 충분한 물을 마셔야 하고 몸의 온도가 정상으로 돌아올 때까지 이완해야 한다.
② 물, 허브차, 천연주스를 마시는 것은 충분한 수분 보충과 더불어서 보디의 더 많은 독소 배출을 위해서 좋은 방법이다.
③ 관리 효과를 가지기 위해 24시간 동안은 카페인과 알코올, 음료를 피해야 한다.
④ 트리트먼트 후에 어지러움을 여전히 느낄 수 있기 때문에 무리한 육체적 운동은 하지 않는 것이 좋다.
⑤ 시간의 여유를 가지고 스파에 머무를 수 있다면 하이드로 테라피 후에 다양한 트리트먼트를 경험할 수 있다.
⑥ 고객이 살을 빼고 있거나 독소 배출을 계획 중에 있다면, 스파센터의 영양사로부터 조언을 받아 집에서 할 수 있는 건강 식단과 적정한 운동을 추천해 주는 것이 중요하다.
⑦ 효과 강화나 유지를 위해서 고객의 홈케어는 매우 중요하다.

■ 하이드로 테라피와 연결된 트리트먼트

스파에서 제공되는 수 요법의 많은 것들은 테라피스트가 고객에게 손의 접촉이 없는 경우가 많으므로, 개인적인 트리트먼트는 하이드로 테라피를 많은 면에서 보완하게 된다.

예 1. 전신 아로마 마사지
2. 라술(Rasul)
3. 크리스털 힐링
4. 박피

스파 테라피스트가 갖추어야 할 자세와 조건

09

1. 스파 테라피스트가 갖추어야 할 자세와 조건

1) 스파 테라피스트의 외모

관리 상황에 상관없이 관리해야 할 고객이 비록 많다고 하더라도 테라피스트가 하는 일은 언제나 전문적이어야 한다.

- 유니폼은 항상 깨끗하고 구김이 없어야 하며 스파의 규칙과 규정을 잘 따라야 한다.
- 입 냄새가 나면 안 되며, 특히 담배나 마늘과 같은 강한 음식 냄새가 나지 않아야 한다.
- 손톱은 짧고 정리가 잘되어 있어야 한다.
- 긴 머리는 얼굴에 흘러내리지 않도록 머리 망과 핀으로 고정시켜야 하며, 외모에서부터 전문적인 이미지로 보여지는 것이 매우 중요하다.
- 메이크업은 내추럴의 이미지를 가지고 정교하게 하며, 테라피스트의 얼굴이 신선하고 건강하게 보이도록 한다.
- 액세서리는 착용하지 않도록 한다.
- 신발은 굽이 낮은 것으로 편안함을 느낄 수 있어야 한다.

❖ 한마디

어떤 스파에서는 테라피스트가 편안함을 오랫동안 느끼며 관리를 할 수 있도록 고무 슬리퍼나 공단 슬리퍼 혹은 맨발을 더 선호하기도 한다.
각 스파의 시설에 맞는 유니폼과 맞추어서 선택을 하면 좋을 것이다.
영국의 테라피스트는 정통적으로 흰색 또는 검은색의 낮은 궁정 신발을 신는다고 알려져 있으나 현재는 대부분 개인적인 선택에 의하는 편이다.

2) 스파 테라피스트가 갖추어야 할 조건

(1) 유연하게 훈련된 손

마사지에서 가장 중요한 조건일 수 있는 부분이며, 인체의 구조와 근육에 대한 이해가 늘어가면서 테라피스트의 터치 감각은 점점 더 개발되고 있다. 유연한 손은 마사지 동작을 연습함에 따라서 좋아지며, 규칙적인 손 동작 연습은 유연성을 배가시키며 관리 시에 부상을 예방해 주기도 한다.

(2) 동작의 속도

마사지 시술 시의 속도는 보편적으로 천천히 진행되나 프로그램과 고객의 성향에 따라서 달라질 수 있다.

예 • 느리게 하는 경우
• 빠르게 하는 경우

❖ 한마디

마사지 시에는 약 강 약의 리듬을 타면서 시술자와 수술자 간의 호흡에 맞추어서 서로의 교감을 형성하는 것이 무엇보다 중요하다.

(3) 동작의 리듬과 흐름

좋은 테크닉은 마사지를 하는 동안 리듬과 흐름을 어떻게 운용하느냐에 따라서 인정받을 수 있는 부분이다.

모든 동작은 끊어짐이 없이 하나로 연결되어 진행되어야 하며, 고객의 신체에서 테크닉이 끝날 때까지 손이 떨어져서는 안 된다.

모든 동작의 시작과 끝은 effleurage 동작으로 진행되며, 다른 동작들의 연결을 시켜주는 동작 역시 effleurage 동작이다.

음악에서의 리듬은 마사지에서는 비트 또는 진동이라고 할 수 있으며, 계속적이고 일정하면서 고른 느낌의 테크닉이어야 한다.

(4) 올바른 자세

① 스파 테라피스트가 올바른 자세를 가져야 하는 이유?

- 올바른 압력과 리듬 및 마사지의 흐름을 유지하게 한다.
- 시술자의 피로, 요통, 근육통 등의 문제를 예방할 수 있다.
- 올바른 자세로 인하여 전문가다워 보인다.

② 두 가지 중요한 스탠딩 자세

- 워크 스탠딩 자세

신체의 수직 방향으로 동작이 진행되는 경우로 팔이나 다리 부위, 다리 effleurage 동작을 할 때에 한 발은 앞쪽에 다른 발은 뒤쪽에 좋아서 걷는 듯한 자세를 만들고 체중을 앞쪽 발과 뒤쪽 발로 옮겨 가면서 진행한다. 이 자세는 체중을 이용하는 마사지 동작을 가능하게 함으로써 딥 트리트먼트를 할 수 있도록 하여 준다.

- 스트라이드 스탠딩 자세

신체를 가로질러 구사하는 동작으로 등 부위의 ironing 동작 수행 시에

양쪽 발을 엉덩이 너비만큼 벌리고 서며 등은 곧게 펴고 무릎을 가볍게 구부린 자세이다.

(5) 압력의 깊이

압력의 깊이는 마사지 부위와 조직의 예민도에 따라 달라지며, 팔과 손까지 전달되는 체중을 올바르게 이용함에 따라 압력의 깊이는 달라진다.

경험이 부족한 테라피스트일수록 신체를 이용한 압력의 깊이 조절이 어려울 수 있으나 계속적인 노력으로 인하여 충분히 극복할 수 있는 부분이다.

일반적으로 등과 다리 부위는 목, 흉부, 복부, 팔 부위보다는 더욱 깊은 압력을 요하는데, 고객의 성향과 컨디션에 따라서 그때그때 조금의 차이는 있을 수 있다.

- **가벼운 압력** : 충분히 이완시킬 수 있고 수면을 유도하는 등의 효과를 가질 수 있는 반면에 간질이거나 자극을 주는 동작이 되지 않도록 주의가 필요하다.
- **깊은 압력** : 조금 더 촉진과 활력을 줄 수 있는 효과를 기대할 수 있으며, 깊은 이완도 가져올 수 있다.

한마디

기본적인 근육의 성질을 알고 마사지를 행하는 것은 매우 중요하다.
근육의 성질은
1. 강하게 터치하면 할수록 근육은 경직된다.
2. 많이(오랜 시간) 터치하면 할수록 근육은 피로해진다.
3. 부드럽게 터치하면 근육은 성장한다.

3) 전신 마사지의 금기 사항

트리트먼트는 고객의 안전과 웰빙에 완벽한 주의를 가지고 진행되어야 하기 때문에 테라피스트는 마사지의 금기 사항을 잘 알고 있어야 한다. 고객 개개인의 니즈에 부합되는 트리트먼트를 적용할 수 있는지에 대하여 우선 고객의 상태를 파악하고 고객의 건강에 대한 문제가 있다면 즉시 의사를 찾아볼 것을 고객에게 조언하여야 한다.

(1) 일반적인 금기 사항

신체에 관련된 금기증으로 마사지가 진행되어서는 안 된다.

예 당뇨, 심장병, 혈액순환 장애, 고혈압 또는 저혈압, 암, 폐질환, 심부정맥 혈전증, 색전증, 정맥염, 간질, 류머티즘, 혈우병, 최근의 출혈, 신경염, 신경계 장애, 특정 약품 복용, 피부 감각의 상실, 자세의 변형, 진단되지 않은 종양이나 부종, 연약한 골격 등

(2) 일시적인 금기 사항

오랜 시간 지속하는 증상이 아닌 경우의 마사지를 말하며, 증상이 있을 때는 일시적으로 멈추고 증상이 없어지면 다시 시작할 수 있다.

예 임신, 타박상, 멍, 알레르기, 항암이나 방사선요법 과정 중의 피부장애 및 피부질환, 고열, 경련, 위축된 근육, 알코올이나 마약의 복용, 의학적인 부종 등

(3) 국소적인 금기 사항

신체의 국소적 부위에 상처 등의 문제가 있을 경우에 해당되는 부위를 제외하고 마사지는 실행될 수 있다.

예 피부 장애, 피부 질환, 건선, 습진, 최근 상처 및 수술, 최근 골절, 정맥류, 통증이나 부은 관절, 찰상, 금속 삽입물, 일광 화상 등

생각하기 -

자신의 삶에 회의적이지 말 것이며
자신의 삶이 중요하다는 것을 빠르게 인식하고
돈만을 위해서 일하기보다는
자신이 좋아하는 일을 하도록 함이 지혜로운 삶일 것이다.

헤드 & 전신 마사지의 효과

10

1. 헤드 & 전신 마사지의 효과

마사지는 신체의 이완과 마음의 평온함을 가져다 준다.

1) 일반적인 생리 효과

- 혈액순환 증진, 충혈작용, 피부 및 신체 조직에 영양 공급
- 림프순환 촉진, 노폐물 및 독소 배출 촉진
- 근육을 따뜻하게 하여 긴장을 풀어 주거나 반대로 근육에 긴장감 부여
- 긴장 완화 촉진
- 테크닉에 따라서 말초신경을 진정 또는 자극
- 각질 제거를 도와서 피부 감촉 개선
- 혈액순환 촉진으로 인하여 세포 재생 촉진
- 탄력 증가로 인하여 피부 상태 개선
- 피지분비 촉진으로 인하여 피부 유연
- 축적된 피하지방 조직에 유동성 부여함
- 행복감과 에너지 증가
- 건강과 평안함의 동기 부여
- 흉터 조직과 붓기 감소(중력에 의한 부종)

2) 특정 부위에 대한 효과

(1) 혈액과 림프계

① 혈액순환 개선, 혈관 확장과 피부의 혈색 증진

② 정맥에 의한 노폐물 및 이산화탄소 제거 촉진

③ 혈액순환 촉진과 손상된 부위에 산소와 영양 공급으로 세포와 조직의 영양 상태 개선

④ 모세혈관의 표면을 수축시켜서 체온을 떨어뜨리는 효과

⑤ effleurage와 kneading 동작은 림프순환을 가속화시킨다.

⑥ 림프절 염증이나 비의과적인 부종을 감소시킨다.

(2) 근육계

① 혈액 공급의 증가는 근육에 대한 영양 공급 및 노폐물의 흡수로 이어져 결국 근육에 생기를 부여하게 된다.

② 혈액 공급의 개선으로 전신에 따뜻한 느낌을 가져다준다.

③ 근육의 탄력을 유지하며, 근육을 사용하지 않는 동안(병중)의 위축을 지연시켜 준다.

④ 잘못된 자세의 교정을 도와준다.

⑤ 관절의 유연성은 증가시키고 유착을 예방한다.

(3) 신경계

① 신체의 부분적 또는 전체적으로 신경계의 진정 효과를 줄 수 있다.

② 강력한 손동작은 극도의 피로로부터 고통받는 신경에 생기를 부여할 수 있다.

③ 신경에 대한 압력은 일시적으로 다른 통증을 해소할 수 있다.

④ 신경에 대한 반사 효과로 조직과 장기의 기능에 보다 효과적으로 도움을

줄 수 있다.

(4) 골격과 관절

① 골격의 골막에 대한 압력은 혈액순환을 촉진하여 뼈와 관절에 영양을 공급한다.

② 관절의 유착과 경직을 예방한다.

③ 근육의 긴장으로부터 생기는 자세이상의 개선을 돕고 근육의 긴장은 다른 측면에서는 골격의 비정상적인 성장과 발달에 영향을 미치기도 한다.

(5) 피부

① 혈액순환 촉진, 피부를 부드럽고 유연하게 하며, 외부 감염에 대한 저항력을 증가시킨다.

② 한선 촉진과 요소 및 그 외의 다른 노폐물 배출을 촉진시킨다.

③ 죽은 각질을 탈락시켜 피부 전체적인 상태와 안색을 호전시켜 준다.

④ 트리트먼트에서 요구되는 사하에 따라서 말초신경을 진정, 자극한다.

(6) 폐

① 깊은 심부 마사지 동작은 폐의 세기관지 순환을 증가시킨다.

② 폐에 대한 순환의 개선은 가스교환을 증가시킴으로써 산소와 이산화탄소의 교환을 돕게 한다.

(7) 물질대사

마사지는 물질대사 이상을 교정하는데 매우 효과적이며 신체의 건강 증진에 효과적이다.

(8) 피하지방 조직

① 마사지는 지방조직 내에서 열을 생성하면서 지방 흡수를 돕고 증가된 신

진 대사로 인해 에너지로의 전환을 돕는다.

② 규칙적이고 강력한 트리트먼트는 단단하게 굳어진 지방조직 부위를 연화하게 되는데, 건강한 다이어트 계획을 병행한다면 체중 감량에도 도움을 준다.

③ 순환의 개선은 림프절 활동과 함께 수분 배출을 도우며, 신체대사 과정을 통해 지방조직이 에너지로 전환되는 것을 증가시켜 준다.

(9) 내장기

① 복부의 내장기를 활성화하며 소화를 돕는다.

② 척추 주위에 대한 니딩(kneading) 동작은 자동적으로 근육 막에 영향을 미치며 연동작용을 증가시킨다.

③ 진동(vibration) 동작은 소화기관의 신경을 진정시키며, 경련 증상이나 복부에 가스가 차는 증상을 완화시켜 준다.

3) 마사지의 심리적 효과

고객 상담의 일환으로서 고객의 심리적 요구를 파악하여야 하며, 바쁜 일상 후에 이완과 진정을 원하는지, 생동감이 충전되기를 원하는지 등을 파악하여야 한다.

■ 사용하는 마사지 동작에 따라서

- 에너지와 생기가 증가된 느낌을 가지게 된다.
- 건강과 웰빙 상태가 증진된 느낌을 가지게 된다.
- 자기 외모에 대한 자신감과 긍정적인 마인드를 증가시켜 준다.
- 스트레스 레벨을 감소시켜 주고, 고객이 안정감을 느끼게 하며 만족감을 증가시켜 준다.

- 고객은 케어를 받고 원기가 회복된 느낌을 받게 된다.

한마디

마사지의 심리적 효과를 높이기 위해서는 마사지 오일의 블렌딩을 고려해야 하며, 특정 아로마 블렌딩은 심신을 고양시키는 효과를 주며 마사지 효과를 더욱 증진시키고 wellbeing의 느낌을 잘 받도록 해 준다. 많은 스파들이 그러한 것처럼, 자신만의 블렌드 노하우를 가지는 것이 중요하다.

생각하기 -

모든 것 다 버려도 '겸손'은 버리지 말 것이며,

모든 것 다 가져도 '교만'은 가지지 말아야 한다.

마사지 동작이 신체에 미치는 효과

11

1. 마사지 동작이 신체에 미치는 효과

1)마사지 동작

마사지 동작은 신체에 각기 다른 효과를 주게 된다.

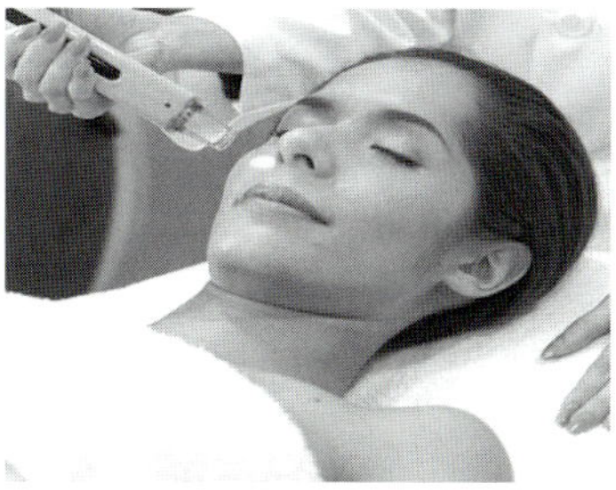

(1) 에플루라지(Effleurage) - 경찰법

- 에플루라지(Effleurage)
- 스트로킹(Stroking)

(2) 페트리사지(Petrissage) - 유연법

- 니딩(Kneading)
- 링잉(Wringing)
- 피킹-업(Picking-up)
- 스킨롤링(Skin rolling)
- 프릭션(Frictions)

(3) 퍼커션/타포트먼트(Percussion / Tapotement)-강찰법, 고타법

- 해킹(Hacking)
- 커핑/클래핑(Cupping/Clapping)
- 비팅(Beating)

- 파운딩(Pounding)

(4) 바이브레이션(Vibrations) – 진동법

- 바이브레이션(Vibrations)
- 셰이킹(Shaking)

2) 마사지 동작이 신체에 미치는 효과

(1) 에플루라지(Effleurage) 동작

1 에플루라지(Effleurage)

매우 부드럽고 안정감을 주는 동작으로 손바닥 전체를 사용하며, 특별한 경우에는 손가락만 사용하기도 한다. 피부 표면이나 조금 깊게 작용하기도 하는데, 고객의 상황에 따라 구분할 수 있다.

에플루라지는 정맥혈이 심장으로 돌아가는 방향으로 이루어져야 한다.

① 에플루라지의 효과

- 혈액순환을 증가시켜서 신체 조직에 영양 공급
- 림프순환을 증가시켜서 신속한 노폐물 배출
- 근육의 휴식과 말초신경의 진정으로 긴장감 완화
- 각질 제거를 도와서 피부의 감촉을 부드럽게 한다.
- 비 의과적인 부종을 제거한다.

② 에플루라지의 사용

- 마사지에 이용되는 오일이나 크림을 골고루 도포하기 위해 고객으로 하여금 테라피스트의 손을 익숙하게 적응시키는 단계로 안정을 돕는다.
- 다음 이어질 깊은 동작에 대한 신체 조직의 준비 단계
- 저하된 순환의 개선을 돕고 부기와 부종 예방을 돕는다.

- 운동 전에 근육의 워밍업을 도우며, 운동 후 경직을 유발할 수 있는 노폐물의 제거를 돕는다.
- 다른 마사지 동작들 간의 연결 작용으로써 부드럽고 매끄럽게 마사지가 이어질 수 있도록 한다.

2 스트로킹(Stroking)

스트로킹은 에플루라지와 유사하나 세 가지 측면에서 다르다.

- 에플루라지는 정맥혈이 심장으로 돌아가는 방향 및 림프의 방향과 같이 이루어져야 하는 반면에, 스트로킹은 어느 방향이나 가능하다.
- 에플루라지는 돌아오는 동작에서도 신체에서의 접촉을 유지해야 하는 반면에, 스트로킹의 경우는 손이 돌아오는 동작에서 신체로부터 떨어질 수 있다.
- 에플루라지 동작이 림프절을 향하여 동작의 끝 부분에 조금씩 압력을 증가시키는 반면에, 스트로킹의 경우에 압력은 동작의 끝에서 증가되지 않는다.

한마디

1. 스트로킹은 한 손이나 두 손으로 또는 한 손 동작 후에 다른 손으로 교대하는 방식이 가능하다.
2. 스트로킹은 적용 깊이나 원하는 결과에 따라서 'stimulating(촉진)' 되거나 'soothing(진정)' 의 효과를 기대할 수 있다.

① 진정을 위한 스트로킹의 효과

- 피부 표면의 모세혈관을 수축시켜서 체온을 낮추고 시원하게 한다.
- 감각신경을 진정시켜서 안정을 취하도록 도우며, 스트로킹을 연장하면 깊은 안정을 취할 수 있도록 한다.

② 진정을 위한 스트로킹의 이용

- 열이 나거나 부운 부위(비 의료적 부종)를 시원하게 하여 준다.
- 신경이 예민하고 걱정이 많으며 긴장된 고객을 진정시켜 준다.
- 불면증 등 수면의 문제를 돕는다.

③ 촉진을 위한 스트로킹의 효과

- 피부 표면의 모세혈관을 확장하여 따뜻하게 하며, 붉은 기운을 부여한다.
- 감각신경 말단을 자극하여 생기를 부여한다.
- 피지선 자극으로 피지 분비가 증가되어 피부를 유연하게 유지한다.
- 한선 자극으로 땀의 생성이 증가된다.
- 복부 전체에 시행할 경우 연동운동이 촉진되며, 결장의 움직임이 개선된다.

④ 촉진을 위한 스트로킹의 이용

- 마사지 부위를 따뜻하게 하며 충혈을 유도한다.
- 피곤하고 노곤한 상태의 고객을 자극하며, 생기와 활력을 준다.
- 변비 개선 및 예방
- 피지선과 한선의 활성화 및 혈액순환 개선으로 피부 상태 개선

(2) 페트리사지(Petrissage)

1 니딩(Kneading)

니딩은 기본 동작들을 적용하여 아래와 같이 다양한 방법으로 이루어질 수 있다.

- Thumb kneading(**엄지 니딩**) : 엄지 부위만을 이용한다.
- Finger kneading(**손가락 니딩**) : 일반적으로 2, 3, 4지를 이용한다.
- Palmar kneading(**손바닥 니딩**) : 손바닥 표면을 이용하며, 여러 가지 방법이 존재한다.

- Single-handed palmar kneading : 한 손으로 조직을 지탱하고 다른 한 손으로 니딩 동작을 한다.
- Alternate palmar kneading : 리드미컬하게 두 손을 교대로 사용한다.
- **강화된** kneading/ironing(**다림질**) : 두 손으로 포개어서 사용함으로써 효과를 강화시킨 동작임

① 니딩의 효과

- 전신에 대한 혈액순환 촉진과 근섬유 및 골격조직 등에 영양 공급 증가
- 림프 순환 증가 및 노폐물 제거 촉진
- 긴장된 근막에 유동성을 주며 유착된 근막을 풀어준다.
- 피지선과 한선의 활성화와 혈액순환 촉진
- 각질 제거와 영양이 풍부한 오일과 크림으로 마사지를 수행함으로써 피부 상태를 호전시켜 준다.

② 니딩 동작의 사용

- 근육의 이완 상태 개선
- 근막과 조직의 유착을 풀고 유동성을 준다.
- 운동 전 근육의 워밍업으로 부상을 예방
- 운동 후 근육의 경직을 예방
- 근육의 탄력성을 유지하며 림프 순환을 개선하여 비 의과적인 부종을 예방한다.
- 혈액순환 개선으로 정맥류 예방

2 링잉(Wringing)

비틀기 기법으로 조직을 골격으로부터 들어 올리고 엄지와 다른 손가락 사이에서 수건을 짜듯이 비틀어주는 동작으로 근육의 길이를 따라서 이동하며 관리하게 된다.

3 피킹-업(Picking-up)

조직을 골격으로부터 들어 올리고 비틀었다가 놓아주는 동작으로 한 손이

나 두 손으로 또는 교대로 또는 한 손에는 더욱 힘을 주어서 관리하게 된다.

① 링잉과 피킹업 동작의 효과

- 혈액순환 촉진이나 체온을 가볍게 올리고, 신진대사 증가 및 영양 공급 증가
- 비틀어 짜는 동작으로 림프순환 촉진과 피하 지방조직 유연
- 동작을 어떻게 하느냐에 따라서 말초신경 자극 또는 진정
- 근육의 탄력 증진 및 유착되고 긴장된 근육과 근막 스트레칭

② 링잉과 피킹업 동작의 사용

- 동작을 천천히 하는 경우에 이완 효과 기대
- 동작을 활발히 하는 경우에 생기 부여
- 운동 전에 근육 부드럽게 하며, 운동 후에는 근육의 긴장과 이완
- 혈액순환 촉진으로 온열 효과와 피하지방 조직 유연과 유동성
- 피부와 근육의 탄력성을 움직여 주고 증가시켜 준다.

4 스킨롤링(Skinrolling)

피부 말기 동작으로 조직을 골격으로부터 들어 올려서 엄지와 다른 손가락 사이에서 굴려주는 동작을 말한다.

① 스킨롤링 동작의 효과

- 혈액순환 증가와 충혈 증가
- 피하지방 조직을 자극하고 유동성 부여
- 피지선 자극으로 피지분비 증가
- 한선 자극으로 땀 분비 증가
- 피부 탄력과 유연성 개선 및 오래된 흉터 조직을 연화

② 스킨롤링 동작의 사용

- 동작을 천천히 할 경우는 긴장 완화 효과와 활발하게 할 경우에는 생기를 부여한다.
- 오래된 흉터 조직과 지방 조직을 유연하게 유동성을 부여함으로써 피

부탄력성을 증가시켜 준다.

5 프릭션(Frictions)

마찰법으로 엄지손가락 또는 다른 손가락들을 이용하여 매우 깊숙이 부분적으로 시행되며, 회전 동작으로 이루어지기도 하고 근육섬유를 가로지르는 방향으로도 이루어진다. 압력은 일정하거나 서서히 깊어지기도 하며, 회전 동작의 힘을 빼면서 끝내고 천천히 이동하면서 다시 압력을 가하여 반복한다. 프릭션 동작은 손가락 니딩과는 다르게 회전 동작의 한 부분으로써 위 방향으로의 압력을 포함한다.

① 프릭션 동작의 효과

- 혈액순환 촉진으로 충혈 유도
- 혈액의 흐름을 증가시켜서 연골이나 관절 등에 영양 공급 상태와 운동성을 개선시켜 준다.
- 유동성 증가시키고 흉터 조직을 유연하게 풀어준다.
- 척추기립근 부근에 대한 프릭션 동작은 척추신경을 자극하고 생기를 준다.
- 유착을 풀어주고 섬유 조직염이나 결절 상태를 풀어준다.

② 프릭션 동작의 사용

- 관절의 유연성 증가 및 흉터 조직의 유연성 증가
- 혈액순환 증가와 조직의 상처 치유 촉진
- 긴장에 의한 결절과 근육 유착 개선 및 고객 생기 부여

(3) 퍼커션/타포트먼트(Percussion/Tapotement)

1 해킹(Hacking)

손의 내측 면과 3, 4, 5번 손가락으로 썰 듯이 신체를 두드리는 동작으로 전 완부를 회전시키며, 손가락들을 교대로 빠른 속도로 활발하게 두드린다. 조직에 무게감을 주는 동작이 아니라, 손가락의 힘을 빼고 가볍게 움직이는

동작으로 하며, 완벽하게 구사하기 힘든 동작이므로 침대나 베개 같은 것을 대상으로 많은 연습을 필요로 한다.

① 해킹 동작의 효과

- 혈액순환 촉진으로 충혈 유도한다.
- 신진대사율 증가 및 피하지방 조직을 자극하고 유동성을 부여한다.
- 척추 양측에서 하면 척추신경을 자극한다.
- 동작의 활발함은 근 섬유의 반사작용을 자극한다.
- 근육의 탄력을 증가시킨다.

② 해킹 동작의 사용

- 근육의 빈약한 탄력을 자극하여 피곤한 근육의 재생을 돕는다.
- 혈액순환을 증가시키고 신체 부위를 따뜻하게 한다.
- 활력을 찾고 편안하고 행복한 느낌을 갖도록 한다.
- 피하지방 조직을 부드럽고 유연하게 움직여 준다.

2 커핑/클래핑(Cupping/Clapping)

피라미드 같은 컵 모양으로 손을 만들어서 신체를 교대로 활발하게 두드리며, 속이 빈 커핑 소리가 난다. (말발굽 소리와 비슷함)

① 커핑/클래핑 동작의 효과

- 혈액순환을 증가시켜서 충혈을 유도한다.
- 신체 부위를 따뜻하게 하여 신진대사율을 높인다.
- 피하지방 조직을 자극하고 움직여 준다.

② 커핑/클래핑 동작의 사용

- 혈액순환을 증가시키며 신체 부위를 따뜻하게 한다.
- 활력을 되찾고 편안한 느낌을 준다.
- 피하지방 조직을 움직이고 유연하게 한다.

3 비팅(Beating)

주먹으로 두드리는 동작으로 두드리는 동작 중에 무거운 동작으로 둔부와 같이 피하조직이 단단한 부위에 자주 이용되며, 느슨하게 쥔 주먹을 이용하여 신체를 두드리는 동작으로 손의 굽이나 손등을 교대로 이용한다. 손목 관절의 움직임을 이용하는 것은 커핑 동작과 유사할 수 있으나 비팅은 신체에 손이 더욱 무겁게 떨어지는 동작이다.

4 파운딩(Pounding)

느슨하게 쥔 주먹의 측면을 이용한 무거운 동작으로 신체 부위를 교대로 두드리는 동작이다. 팔꿈치는 신체로부터 외전되며, 손목은 해킹 동작과 유사하게 회전한다.

① 비팅과 파운딩 동작의 효과

- 혈액의 흐름을 증가시키며 신체를 따뜻하게 한다.
- 단단하게 축적된 지방조직을 자극하고 유연하게 하여 유동성 있게 한다.
- 근육을 자극하여 탄력을 증진시킨다.
- 활력을 주고 뜨겁게 달아오르는 느낌과 함께 편안한 느낌을 촉진시킨다.

(4) 바이브레이션(Vibrations)

1 바이브레이션(Vibrations)

일반적으로 한 손으로 진행되는데, 넓은 부위에서는 두 손을 함께 이용한다. 손을 위와 아래로 움직이거나 또는 진동기와 같은 동작으로 한쪽에서 다른 쪽으로 움직이며 조직을 진동시키는 진동법이다.

① 진동법의 사용

- 근육을 이완시키고 등이나 목 부위의 긴장을 완화한다.
- 탄력을 잃고 늘어진 부위에 활력을 부여하고 개선시켜 준다.
- 가스로 인한 복부 팽만감을 완화시켜 준다.

2 셰이킹(Shaking)

양손을 함께 사용할 수도 있고 또는 한 손은 신체 부위를 지탱하고 다른 손으로는 근육을 쥐고 떨어주는 떨기 기법이다. 이 동작은 흉부 전 부위에 사용하여 점액을 풀어주어 분비에 효과적일 수 있다.

① 셰이킹 동작의 효과

근육의 긴장을 이완시키며, 근육의 통증과 경직을 감소시켜 준다.

② 셰이킹 동작의 사용

근육의 과잉 사용 경우나 운동 후에 효과적이다.

생각하기 -

자신의 기쁨을 터부시하고 의무감을 따르지 말 것이며
자신의 기쁨을 알고 따르도록 하자
세상에 대한 불만감을 가지지 말 것이며
세상에서 자신이 현재 누리고 있는 모든 것에
진심으로 감사하도록 하자.

스톤 테라피의 역사와 관리 방법 및 호흡

12

1. 스톤 테라피의 역사와 관리 방법

1) 스톤 테라피의 역사

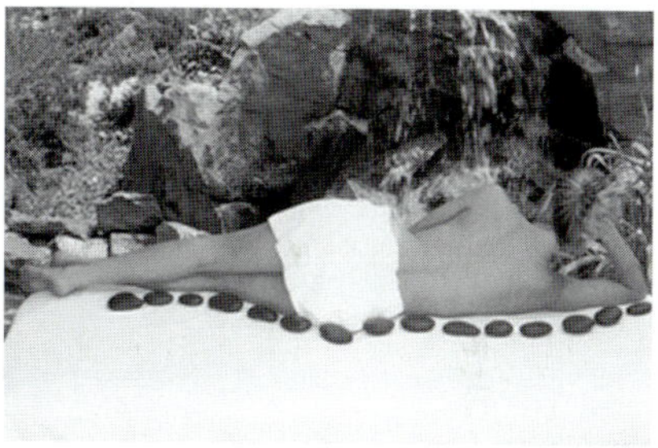

선사시대부터 hot stone을 문지름을 통하여 치료 목적으로 사용되었다는 설이 있으며, 고대 문명에서는 hot stone을 이용하여 치료함에 있어서 몸을 깨끗이 하고 마음을 편안하게 하며, 영혼과 정신을 진정시킴에 효과적이라는 믿음을 가지고 있었다고 한다.

우리가 알고 있는 stone의 본격적인 사용 유래는 1993년 미국 애리조나에서 Mary Nelson(메리 넬슨)에 의해 발전되었으며, Mary Nelson에 의한 stone은 세계적으로 Wellness center, Spa, Salon에서 사용하는 테크닉 중에서 가장 빠르게 성장한 stone therapy이다.

stone therapy는 인체를 구성하는 필수적인 미량원소 29가지의 밸런스(균형)을 잡아주는 유일한 therapy이다. 또한, 스톤은 자연에 존재하는 것 중에 가장 견고한 물질로서, 에스테틱 프로그램에서의 역할은 크게 순환과 배출(대변에 영향 많음) 에너지 전달하며, stone은 다른 therapy와 같이 병행하게 되면 큰 시너지 효과를 가질 수 있다.

2) Aesthetic Salon에서의 Stone Treatment

1 Soothing Touch

따뜻한 돌을 이용하여 경직된 근육을 풀어주는 마사지이다.

2 Rainbow Stone

돌과 컬러를 이용하여 인체의 에너지 밸런스를 회복시켜주는 관리이다.

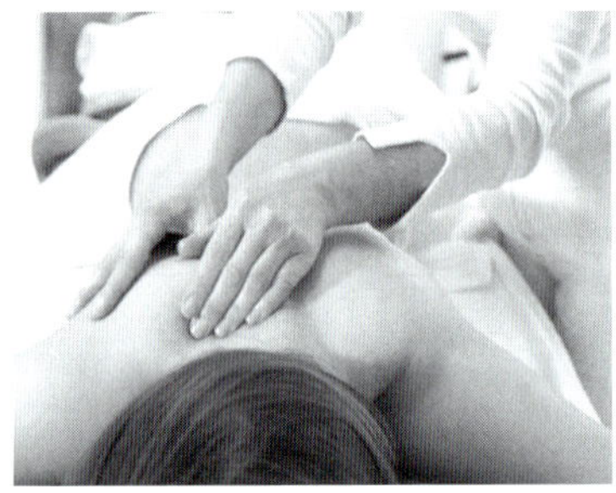

3 Chakra Stone

에너지의 포인트인 차크라를 위한 stone massage이다.

4 Meridian Stone

경락의 흐름을 원만하게 해주는 스톤과 경락 마사지이다.

5 Earth & Stone

릴랙세이션을 위한 스톤 마사지로 발끝부터 머리까지 우리의 몸은 잊을 수 없는 기쁨을 느낄 것이다. (자연이 가져다주는 표현할 수 없는 기쁨)

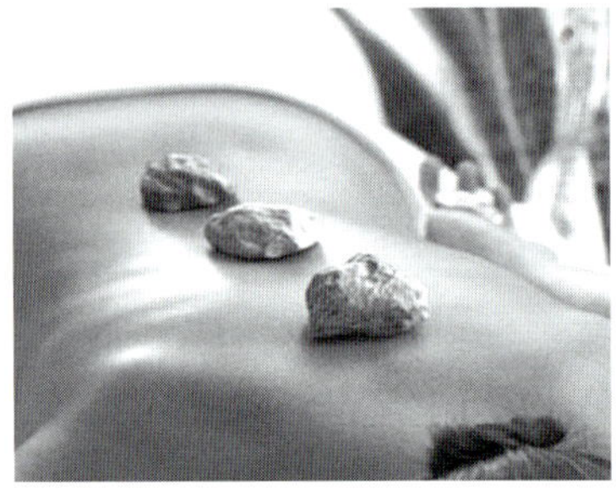

6 Utopia

스트레스로부터 구속된 인체를 stone의 에너지로 풀어주는 전신 보디 관리로 아로마와 함께 하면 좋다.

7 Hawaiian Stone

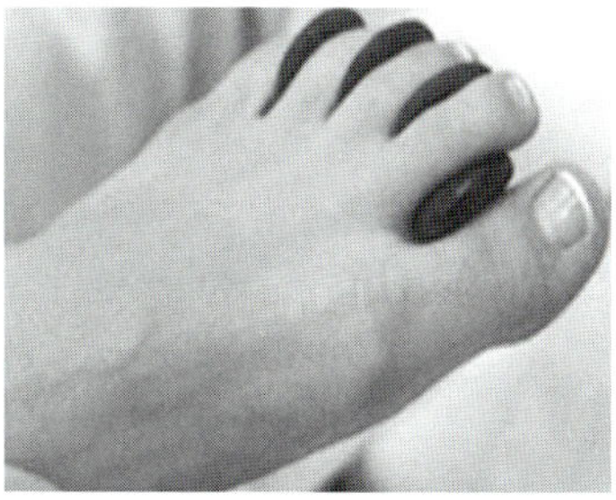

리드미컬한 stone 퍼포먼스, stone과 테라피스트의 손끝이 적절히 인체의 구석구석 뭉친 독소를 해독하고 순환시켜 최상의 컨디션을 찾아다 준다.

8 Marine Dream

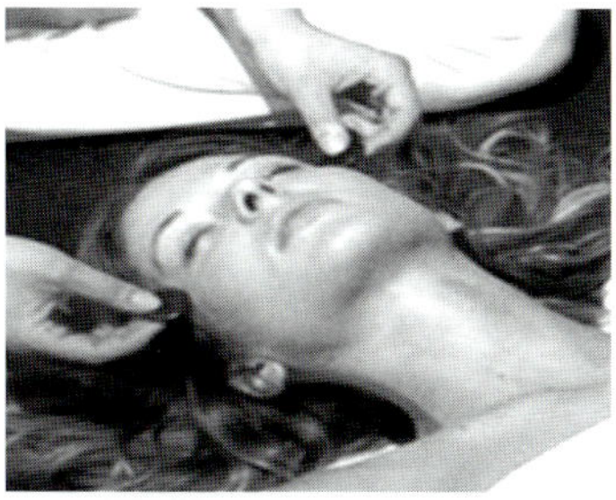

보디 랩핑과 stone massage를 결합한 마사지이다.

9 Joy of Stone

stone을 이용하여 통증 부위를 가볍게 눌러주면서 통증을 잊게 하는 마사지이다.

10 Moon Stone

차가운 스톤을 이용한 페이셜 관리를 말한다.

2) 차크라에 대한 이해

	위치	영혼의 성장 단계	특징	색	관련 기능	기능	이상 증세
7 차크라	백회 (정수리)	천화, 출혼, 세 번째 탄생, 인간 완성, 신인합일, 금선탈각	신성, 자아의 통합, 지혜와 영감, 시공을 초월한 의식	보라	뇌하 수체, 대뇌 피질, 중추 신경계	대뇌 활성	혼돈, 노쇠, 영감의 부족
6 차크라	인당, 상단전	영혼(신성)의 자각, 두 번째 탄생	영혼의 깨달음, 직감, 통찰력, 창작, 집중, 마음의 평화	남색 (짙은 파랑)	뇌간, 송과체, 코, 귀	뇌간, 소뇌 활성	집중력의 부족, 냉소적인 사고방식, 긴장, 두통, 시력장애 악몽
5 차크라	갑상선 (목)	영혼의 관문, 내적인 힘과 외적인 힘을 선택하는 관문	언변력, 진실한 대화, 신뢰, 친절, 부드러움, 평화, 균형과 조화	파랑과 녹색 중간	갑상선, 목, 구강	목소리, 언변	대화, 웅변의 부족, 무지, 침울, 무분별, 지식의 오용, 갑상선 질환
4 차크라	단중, 중단전	양심, 인간적인 성품의 발현	연민, 용서, 이해, 무조건적인 사랑, 정열, 정직, 성실, 책임감	노랑	흉선, 횡경막, 심장, 폐, 순환계	생명력을 자아와 연결 시킴, 혈액 순환, 피와 근육에 활력을 부여	사랑의 억압, 정서적 불안, 균형의 상실, 심장, 순환계 질환

3차크라	중완	육체적, 건강의 완성	의지와 힘의 자기조절, 권위, 욕망의 표출, 따뜻함, 행복, 희망, 기쁨의 빛, 인정, 지배 의욕	주홍	아드레날린선, 위장, 비장, 간장, 췌장	교감 신경계, 신체 대사, 소화 증진, 정서	의욕상실, 울화, 공포, 미움, 위장, 간장질환을 비롯한 소화기질환
2차크라	하단전	육체를 잉태하고 키우는 자리	건강, 욕망, 즐거움, 정열, 감정, 성적 사랑, 인정의 욕구	연한 빨강	전립선, 생식기, 방광, 자궁, 난소	출산(생식), 성 에너지, 육체의 힘과 활력	음식과 성의 탐욕, 혼돈, 목적의식 상실, 질투, 자궁과 방광질환
1차크라	회음	육체의 탄생, 첫 번째 탄생	성공, 인내, 인정, 안정의 욕구, 용감성	짙은 빨강	장, 척추, 뼈, 부신	인체의 배설 작용, 생명력, 생존력, 자기 보호력	자기중심적, 이기적, 불안, 범죄, 분노, 척추장애, 변비

2. 호흡

1) 호흡의 중요성

식사는 며칠 먹지 않아도 생명에 지장이 없지만, 호흡은 단 5분만 멎어도 뇌 세포는 물론 인체의 모든 기능이 정지되고 사망에 이르게 된다.

호흡에 의해 흡수되는 산소는 영양소를 연소하여 세포 활동의 에너지원이 되며, 이산화탄소 등 노폐물을 배출하여 체액을 알칼리성으로 유지하는 작용을 한다.

깊은 호흡으로 충분한 양의 산소가 흡수되어야만, 영양소의 완전 연소가 이루어지고 불완전 연소로 인한 혈액 속의 찌꺼기를 남기지 않으며, 신체의 모든 기관의 신진대사를 원활하게 수행할 수 있게 된다.

신체의 모든 기관의 세포가 정상적으로 활동할 수 있는 에너지원은 산소와 영양소에 의해 만들어진 ATP이며, 생체가 살아 있다는 것은 이 ATP라는 에너지원이 계속 소비되고 또 생성되는 과정의 반복으로 잠들어 있는 과정에도 계속되는 아주 중요한 작용이다.

2) 호흡의 효과

하복부 단전에는 자율신경이 집중해 있으므로 아랫배에 힘을 주었다 뺐다 하는 심호흡을 되풀이하면 스트레스로 인해 흥분에 지친 자율신경인 교감신경의 밸런스를 바로 잡아 심신을 안정시키고 충분한 산소가 혈액 속에 보내져 각 조직의 과잉 영양이 완전 연소되고, 이산화탄소로 바뀌어 내쉬는 호흡으로 배설되기 때문에 혈액의 산성도가 내려가고, 정신의 집중과 마음이 안정되는 심리적 작용으로 스트레스에 강해지고, 자율신경을 안정시켜 장관의 기능을 원활하게 하여 인체의 마음과 육체, 모두를 건강하게 만들어 준다.

그러나 이렇듯 중요한 산소도 사용 후에는 활성산소라는 노폐물을 남긴다. 자동차의 연료가 연소하면서 매연을 남기듯이 영양소와 산소도 사용 후에는 노폐물을 남기게 된다.

즉 과도한 운동이 해롭다는 것은 바로 과도한 산소대사에 의해 산소의 소비량이 증가하면 활성산소의 노폐물 양도 증가한다는 것이다. 또 과식을 하여 산화될 물질이 많아지는 것도 세포에 해로운 것은 당연하다. 이때 필요한 것이 항산화제의 역할을 하는 비타민과 미네랄 등의 영양요법이다.

3) 호흡 방법

(1) 혈액을 맑게 하는 호흡요법

① **자세** : 편안히 앉아 요추를 곧게 편 상태에서 상체를 세우고 엉덩이를 뒤로 빼는 듯이 하고 아랫배를 앞으로 내밀고 명치를 내려뜨려 옆에서 보면 활처럼 허리가 앞으로 들어가 휜 자세를 취한다.

② **방법** : 위 자세를 유지하면서 숨을 들이쉴 때는 짧고, 길게 들이쉬고 내쉬는 숨은 길게 하면서 단전, 즉 아랫배를 꽉 채움과 동시에 명치 부분을 내리면서, 온몸의 힘을 완전히 빼는 동작을 반복하여 아침과 저녁으로 20분 정도 시행한다.

③ **효과** : 긴장과 스트레스로 인한 심신을 안정시켜 위장의 상태를 안정시키고 힘찬 호흡으로 많은 양의 산소를 흡수하여 혈액을 알칼리화하고 자율신경을 안정시키는 효과가 뛰어나다.

(2) 신장을 안정시키는 호흡

의자에 걸터앉아 등받이에 등이 닿지 않도록 깊이 앉아서 허리를 곧게 편 다음 가볍게 눈을 감고 조용히 심호흡을 한다.

변비 치료, 영양요법, 호흡요법, 운동요법, 식이요법, 다이어트에 좋다.

3. 스트레스

1) 스트레스

스트레스란 보통의 경우 걱정, 근심이나 일에 대한 불만족 또는 지나친 과로 등으로 생겨나는 것이라고 여겨지지만 실제로는 기분 좋은 흥분이나 행복감까지를 포함하는 인간생활 환경의 변화에서 일어나는 모든 행동적, 신체적 변화를 일컫는다.

스트레스를 받게 되면 대체로 인체는 3가지의 메커니즘 변화를 일으키게 된다. 우선 교감신경계가 활발하게 작동한다. 교감신경이 아드레날린선을 자극하면, 아드레날린호르몬과 노르아드레날린호르몬이 나오는데, 아드레날린호르몬은 인간이 스트레스에 정면으로 대결하거나 스트레스로부터 피하기 위한 대비책으로 심장박동을 증가시켜 근육과 뇌로 보내고 산소를 운반하는 적혈구 세포의 이동을 증가시킨다. 한편 노르아드레날린 호르몬은 뇌의 감각중추를 자극시켜 인체가 스트레스를 어느 정도 소화시킬 수 있도록 도와준다.

2) 자기 충족적 예언(self-fulfilling prophecy)

(1) 자성 예언

- 나는 참 괜찮은 사람이다.
- 나는 나 자신을 다스릴 수 있다.
- 나는 무한한 가능성이 있다.
- 나는 적극적인 사람이다.

- 나는 긍정적으로 사고하는 사람이다.
- 나는 뚜렷한 목표가 있다.
- 나는 결과에 집착하지 않고 과정에 최선을 다한다.
- 나는 반성할 줄 아는 사람이다.
- 나는 언제 어디서나 필요한 사람이다.
- 나는 미래를 멋지게 창조할 수 있다.
- 나는 나와 가족의 행복을 위해 노력하는 사람이다.
- 나는 배려심 있고 진지한 사람이다.
- 나는 일에서는 냉철하지만 인간관계에서는 따뜻한 사람이다.
- 나는 매력적인 사람이다.

2) 현대인과 스트레스

(1) 건강과 장수에 이르는 11가지 수칙

- 비타민을 복용하라.
- 담배를 끊어라.
- 혈압을 관리한다.
- 치아 잇몸을 관리한다.
- 운동을 하라.
- 안전벨트를 매라.
- 단일한 상대방과 건전한 성생활을 즐겨라.
- 건강검진을 정기적으로 하라.
- 호르몬 대체요법을 받아라.
- 평생 공부하는 자세를 가져라.
- 스트레스 관리를 하라.

(2) 스트레스에 좋은 음식

- 호두, 밤과 같은 견과류
- 대추, 꿀 등 단맛을 내는 식품
- 씀바귀 같은 쓴맛의 채소
- 메밀, 녹두처럼 해독작용의 식품
- 채소와 과일
- 국수, 감자처럼 탄수화물이 많은 음식
- 규칙적인 식사
- 단 음식과 매운 음식 절제
- 술과 카페인 절제

(3) 스트레스 해소를 위한 11가지 전략

- 긍정적 사고를 갖자.
- 심호흡을 하라.
- 운동을 하라.
- 명상을 한다.
- 잠시 휴식시간을 갖자.
- 자신의 고민을 공개하라.
- 유머 감각으로 긴장을 해소하자.
- 'NO' 할 줄 알아야 한다.
- 가끔은 '남의 탓'으로 돌려라.
- 체념할 줄 알아야 한다.
- 여유 있게 스케줄을 짜자.

생각하기 -

돈이 많고 적음으로 풍요를 측정하지 말고

삶의 충실성에 따른 풍요를 측정하여야 한다.

불평, 불만을 늘어놓기보다는

있는 그대로를 인정할 줄 알며

긍정적인 사고를 가지고

항상 웃으면서…

남도 웃길 줄 아는 사람이 되자.

〈참고문헌〉

장태수 외 16명, 《SPA》, 2008

박광수, 《손으로 색으로 치유한다》, 2005

에일린 벤틀리, 《헤드 마사지》, 2002

이승헌, 《힐링차크라》, 2002

〈저자 소개〉

오영숙(정화예술대학 미용예술학부 피부미용과 교수)

정주미(정화예술대학 미용예술학부 피부미용과 교수)

스파 테라피

2012년 3월 9일 1판 1쇄 인쇄
2015년 3월 10일 1판 2쇄 발행

지은이 : 오 영 숙 · 정 주 미
펴낸이 : 박 정 태

펴낸곳 : 광 문 각

413-120
경기도 파주시 파주출판문화도시 광인사길 161
광문각빌딩 4층

등 록: 1991. 5. 31 제12-484호
전화(代): 031)955-8787
팩 스 : 031)955-3730
E-mail: kwangmk7@hanmail.net
홈페이지: www.kwangmoonkag.co.kr

ISBN : 978-89-7093-676-5 93590

정가 : 18,000원

한국과학기술출판협회회원